《建筑物防雷工程施工与质量验收规范》

实施指南

葛家君　主　编
李国栋　副主编
关象石　主　审

中国建筑工业出版社

图书在版编目（CIP）数据

《建筑物防雷工程施工与质量验收规范》实施指南/葛家君主编．—北京：中国建筑工业出版社，2011.2
ISBN 978-7-112-12888-4

Ⅰ.①建… Ⅱ.①葛… Ⅲ.①建筑物—防雷工程—工程施工—指南②建筑物—防雷工程—工程验收—指南 Ⅳ.①TU895-62

中国版本图书馆 CIP 数据核字（2011）第 016781 号

责任编辑：刘 江 赵晓菲
责任设计：赵明霞
责任校对：陈晶晶 王雪竹

《建筑物防雷工程施工与质量验收规范》实施指南

葛家君 主 编
李国栋 副主编
关象石 主 审

*

中国建筑工业出版社出版、发行（北京西郊百万庄）
各地新华书店、建筑书店经销
北京永峥排版公司制版
北京市兴顺印刷厂印刷

*

开本：850×1168 毫米 1/32 印张：4¼ 字数：122 千字
2011 年 2 月第一版 2011 年 2 月第一次印刷
定价：**15.00** 元
ISBN 978-7-112-12888-4
（20151）

版权所有 翻印必究
如有印装质量问题，可寄本社退换
（邮政编码 100037）

前 言

2010年7月15日,中华人民共和国住房和城乡建设部第664号公告"现批准《建筑物防雷工程施工与质量验收规范》为国家标准,编号为GB 50601—2010,自2011年2月1日起实施。其中,第3.2.3、5.1.1(3、6)、6.1.1(1)条(款)为强制性条文,必须严格执行"。

一、起草本标准的原因和任务来源

2001年《建筑工程施工质量验收统一标准》GB 50300发布实施。该标准是建设工程施工质量验收总标准,其中规定了建筑工程各专业工程施工验收规范编制的统一准则和单位工程验收质量标准、内容和程序等。该标准将建筑工程划为分部工程、子分部工程和分项工程三部分,其中分部工程个共有如下9部分:
- 地基与基础;
- 主体结构;
- 建筑装饰装修;
- 建筑屋面;
- 建筑给水、排水及采暖;
- 建筑电气;
- 智能建筑;
- 通风与空调;
- 电梯。

防雷工程在该标准中定性为子分部工程,属建筑电气分部中的子分部。该分部中共有如下7个子分部：
- 室外电气；
- 变配电室；
- 供电干线；
- 电气动力；
- 电气照明；
- 备用和不间断电源；
- 防雷和接地。

在《建筑工程施工质量验收统一标准》GB 50300的统一标准统领下，已出版了如下分部或子分部工程施工与质量验收规范：
- 《球形储罐施工及验收规范》GB 50094；
- 《自动化仪表工程施工质量验收规范》GB 50131；
- 《电气装置安装工程 电气设备交接验收规范》GB 50150；
- 《火灾自动报警系统施工及验收规范》GB 50166；
- 《电气装置安装工程 接地装置施工及验收规范》GB 50169；
- 《建筑地基基础工程施工质量验收规范》GB 50202；
- 《混凝土结构工程施工质量验收规范》GB 50204；
- 《钢结构工程施工质量验收规范》GB 50205；
- 《屋面工程质量验收规范》GB 50207；
- 《自动喷水灭火系统工程及验收规范》GB 50261；
- 《建筑电气工程施工质量验收规范》GB 50303；
- 《电梯工程施工质量验收规范》GB 50310；
- 《综合布线系统工程验收规范》GB 50312；
- 《智能建筑工程质量验收规范》GB 50339；
- 《城市轨道交通通信工程质量验收规范》GB 50382；

- 《消防通信指挥系统施工及验收规范》GB 50401；
- 《电子信息系统机房施工及验收规范》GB/T 50462。

由于没有一部防雷及接地子分部工程的施工与质量验收规范，只是在上述分部工程和子分部工程施工标准中或多或少地对防雷工程做出了一些规定，有些不够专业，有些只能点到为止。

由于标准之间协调不够，有些规定相互矛盾，甚至出现错误。因此，起草关于建筑物防雷工程施工与质量验收的技术规范是十分必要的。

2008年3月26日，南通五建建设工程有限公司和江苏顺通建设有限公司填写"技术标准制定修订项目申请表"，项目名称为"工程建筑防雷施工与质量验收规范"，经主编部门江苏省住房和城乡建设厅审核后报住房和城乡建设部标准定额司立项。住房和城乡建设部以［2008］102号"关于印发《2008年工程建设标准规范制定、修订计划（第一批)》的通知"，明确《建筑物防雷工程施工与质量验收规范》制定的主编部门为江苏省住房和城乡建设厅，南通五建建设工程有限公司、江苏顺通建设工程有限公司为主编单位，同时明确了江苏省防雷中心等8单位为参编单位。

二、制定标准过程中所做的主要工作

1. 编制组织工作

接到住房和城乡建设部［2008］102号文后，在江苏省住房和城乡建设厅的指导下，专门召开了编制会议，确立了编制单位和起草小组人员，同时落实了编制经费，编制工作计划任务等。

编制前期，编写小组主要做了两方面的工作：一是资料收集工作，先后收集相关资料文献共1200余份，并到海南、新疆、上海、沈阳、深圳等地20多个雷电频发区和重点建筑市场调查。调阅了江苏省防雷中心、深圳市防雷中心、如东县防雷中心等近10年的建筑物防雷检测资料，并委托中国气象科学研究院调查了全国各大城市的气象和雷电灾害等情况。在标准编制过程中共收集资料达数百万字，作为编制本标准夯实了基础。二是纲目设计工作，我们坚持以科学发展观和《工程建设标准编制要求》为指导，以相关法律法规和施工企业长期积累的建筑物防雷工程施工经验为依据，确定了《建筑物防雷工程施工与质量验收规范》的编写纲目，同时将两方面的工作结合起来，开展编制工作。

2. 召开三次编制工作会议

2008年10月8~10日，在江苏省如东县召开了首次编制工作会议暨初稿修订讨论会。住房和城乡建设部标准定额司、中国气象局法规司、江苏省住房和城乡建设厅、省气象局和相关单位均派人员参会指导。

2008年12月16~18日在南京市召开了第二次编制工作会议。全体编制人员参加了会议，并邀请了建设、气象等部门的施工、质量验收等方面的专家，共同对《建筑物防雷工程施工与质量验收规范》（第二稿）进行了全面、科学的商讨和论证。

2009年4月21~22日在江苏省无锡市召开了第三次编制工作会议。重点对标准的引用、各项数据的确认进行了商定。

3. 实验和研究

1) 对防雷工程采用的主要设备、材料、成品和半成品的试验

在过去的防雷工程中，大多使用钢材。实践证明，只要钢材符合设计要求并保证质量，一般不会在承受巨大雷电流冲击时发生事故的。但是随着新工艺、新材料的使用，对这

些材料、成品或半成品在防雷工程中的使用则必须通过试验验证。因此，我们对附录B中的铜材、镀锡铜、铝材、合金铝及其线材、板材、管材与常用的钢材进行了对比冲击试验。通过试验验证了合格产品的规格只要达到附录B中的要求，无论是熔化击穿或熔化深度均能达到第一类防雷建筑物可能承受的雷电流指标（10/350μs波形，冲击电流达200kA）。

电涌保护器（SPD）是一种新型防雷产品，主要用于低压配电系统和电子系统信号网络的保护。在中国气象局所属的北京雷电防护装置测试中心和上海测试中心的大力支持下，我们取得了各类SPD实验资料，从而保证了本规范附录C编写的真实可靠。

2）对施工工艺的试验

本规范3.2.3条为强制性条文，该条文是针对某些检测机构强制性要求对柱内钢筋施行焊接的现象。柱内钢筋若采用建筑施工中常用的绑扎法是否会因过渡电阻值高而发生闪络（火花）并造成危险呢？在理论上，这一问题应该说已经解决，但应进一步试验以验证理论的正确性。因此我们分别对焊接和绑扎的两组钢筋进行了冲击试验，试验结果证实绑扎的钢筋接口有可能产生火花放电。之后，我们又进行了混凝土包裹下的试验，结果证实，在混凝土中绑扎钢筋接口产生的火花不能点燃房间内的油蒸气。这一试验结果证明采用3.2.3条可在施工中节约大量的资金和施工工期。

4. 广泛征求意见

2009年4月完成了《建筑物防雷工程施工与质量验收规范》征求意见稿，并通过国家工程建设标准化信息网——工程建设标准化工作管理信息系统进行社会公示广泛征求意见。此外，我们还专门向中科院、总装备部、中石化、设计院和国内院校知名专家征求意见。

到 2009 年 6 月 6 日，共收到的各界专家 15 人的意见共 325 条。对这些宝贵的意见，我们逐条核实，共采纳 239.5 条，占意见总数的 73.7%。我们在征求意见稿中——修改，形成了送审稿。对未采纳的 85.5 条意见，我们进行了归纳整理。逐条核实，并说明该条文的合理性和主要技术指标的出处。对比较突出问题，在条文说明中进行了解释。

5. 审查和报批

2009 年 9 月 25~27 日，本标准审查会议在南京市召开。住房和城乡建设部标准定额司、中国气象局政策法规司、江苏省住房和城乡建设厅、省气象局和相关单位派员参会。主要审查人员分别来自设计院、标准化研究院、建筑质量监督部门、防雷主管机构等。经协商推荐《建筑物防雷设计规范》GB 50057 主要起草人林维勇教授担任审查委员会主任委员。会上，专家们从不同角度对本标准送审稿提出了修改意见，并就其中技术规定的分歧问题进行了讨论。最后通过了"审查意见"。

按审查会议的要求，我们对本标准送审稿进行了修改，形成了报批稿。其间，2009 年 12 月 19~20 日，《建筑物防雷设计规范》修改版的审查会在北京召开并通过了审查。本标准编制组成员参加了审查会，按住房和城乡建设部标准定额司"施工标准应与设计标准协调一致"的要求，我们又一次修订了本标准报批稿，并于 2010 年初正式上报批准。

三、标准中重点内容确定的依据及其成熟程度

1. 施工现场质量管理和施工质量控制要求

本标准第 3 章以《建设工程施工质量验收统一标准》GB 50300 为本标准编制的统一准则，同时参考了相关的建筑工程各专业工程施工验收规范（如《电气装置安装工程接地装置施工及验收规范》GB 50169、《混凝土结构工程施工质量验收

规范》GB 50204、《综合布线系统工程验收规范》GB 50312、《电子信息系统机房施工及验收规范》GB 50462、《电气装置安装工程 电气设备交接试验标准》GB 50150)的相关规定,努力做到《工程建设国家标准管理办法》第五条第三款中要求的"综合考虑相关标准之间的构成的协调配套"。

为确保工程质量,本标准第3.1.2条对施工中各种技工的持证上岗、施工单位的资质和调试中使用的计量器具提出基本要求。其中第3.1.2条第2款内容符合国务院《气象灾害防御条例》第二十一条的规定:"专门从事雷电防护装置设计、施工、检测的单位应当取得国务院气象主管机构或者省、自治区、直辖市气象主管机构颁发的资质证。依法取得建筑工程设计、施工资质的单位,可以在核准的资质范围内从事建筑工程雷电防护装置设计、施工"。

本标准第3.2.3条强制性条文规定是为解决目前有些地方、某些单位在防雷工程验收中强制要求承重柱内钢筋必须焊接的问题而规定的。实验证明,采用施工中常用的绑扎法既不会使承重钢筋褪火,同时也能满足作为引下线的泄流功能。这一要求在本标准第5.1.2条第2款中也有具体规定。

2. 采用共用接地系统的具体要求

建筑物的防雷接地是否要与电气安全接地、电子系统工作接地、屏蔽体接地、防静电接地利用建筑物的基础接地实行共用接地?这一问题在近年来的技术标准中已基本达成共识。但对共用接地装置的接地电阻值的要求在各标准中却并不一致。在《建筑物防雷设计规范》GB 50057中只对防雷接地提到接地电阻值要求,没有规定共用接地系统的接地电阻值指标;在《电子信息系统机房设计规范》GB 50174中要求"保护性接地和功能性接地宜共用一组接地装置,其接地电阻应按其中最小值确定";在《建筑物电子信息系统防雷技术规范》GB 50343中要求"按接入设备中要求的最小值确定"。本标准取GB 50057修订稿中规定的"共用接地系统的接地电阻值应不大于50Hz电气装置以人身安全所要求的阻值",并在条文说明4.1.1条中进行解释。

本标准还按GB 50057和《雷电防护 第3部分:建筑物的物理损坏和生命危险》GB/T 21714.3-2008/IEC 62305-3:2006的规定,提出防雷接地在土壤电阻率较高的山、石地面的施工方法。按该方法施工可以省工并能为工程节省大量的资金,同时能满足防雷工程对防雷接地装置的要求。在条文说明4.1.2中进一步说明了具体做法。这种施工方法在大量防雷工程中经多年验证属相当成熟的技术。

3. 突出了以人为本的理念

在防雷工程设计中,只能提出一般原则性要求,如引下线的间距不应大于12m或18m或25m。在施工中可能遇到一些问题,比如这些明敷引下线或接地处恰恰在建筑物的出入口、人行道或人可能停留及经过的区域,如果按设计要求的间距施工则有可能在施工过程中或竣工后发生人接触电压、闪络电压或跨步电压的伤亡事故。在以往的标准中,如GB 50057中只对跨步电压的危害提出了施工要求,本标准根据IEC/TC 81的最新标准,将这些危险的防范做法在本标准4.1.1和5.1.1条内具体规定。

4. 电气系统和电子系统的防雷工程

按《雷电防护 第4部分:建筑物内电气和电子系统》GB/T 21714.4—2008—IEC 62305-4:2006的理念,电气和电子系统的防雷工程不仅需要传统的接闪器、引下线和接地装置,这些属外部防雷,尚需屏蔽、等电位连接、防闪络(综合布线)和安装电涌保护器(SPD)等措施。而屏蔽不仅仅使用于防雷,也是电子系统防泄漏的要求,等电位连接、综合布线等措施也涉及电气安全、电子系统机房施工的内容。因此，本标准参考了相关工程施工技术规范的内容，并补充了 IEC 最新标准的相关内容。并在附录中以图示说明，方便工程人员使用。

5. 防雷工程采用的主要设备、材料、成品和半成品

本规范 3.2.1 条对防雷工程中使用的材料、规格引用了《建设工程施工质量验收统一标准》GB 50300 和《电气装置安装工程　电气设备交接试验标准》GB 50150 中的原则要求后，按 IEC 62305 标准要求，在附录 A、B 中详细列举了这些材料的规格、型号。这样做，有利于施工过程中对原材料的质量把关，对保证防雷工程质量是有利的，这些内容也是施工企业非常需要了解的。

四、与国内外相关标准水平的对比

目前国内尚无防雷工程施工与质量验收的标准，因此无法对比。在我们了解的国际国外先进标准中，IEC 标准是将设计和施工编在一起的，并且没有质量验收的内容。其他国家有一些安装（施工）标准，如德国的《防雷系统安装通则》（Lightning Protection System：General With Regard to Installation）DIN VDE 0185-1：1982、《防雷装置：导线、螺钉和螺帽（Lightning Protection System：Conductors，Screws and Nuts）》DIN 48801：1985，法国的接闪针的安装（Peotection of Structures against Lighning）NFC17-100：1997。美国标准《防雷系统安装（Standard for Installation of Lightning Protection Systems）》NFPA780-2000 等。这些标准同时有设计和施工内容，因此在施工方面要求不够，或是限定在某一范围内而不够全面。因此，本标准在完整性、实用性方面与之相比更好一些。在技术先进性方面，由于本标准采纳了 IEC 最新标准

的技术内容，遵从《建筑工程施工质量验收统一标准》GB 50300的总体原则要求和与相关标准的协调，同时从施工实际出发，技术内容与国际先进技术水平一致，且利用图、表，大大方便了施工人员，具有较强的实用性。

五、标准实施后的经济效益和社会效益，以及对标准的初步总评价

1. 多年来江苏南通地区在防雷施工方面一直走在全国前列，本标准中的绝大多数做法均率先使用，近三年来雷灾事故率平均每年下降30%，有效地控制了雷电的直接灾害，同时减少了对电子信号网络的影响。

2. 通过对建筑物防雷施工与质量验收的统一，能保障建筑物全生命周期内有效防雷。

如2009年8月4日，河北石家庄市郊一幢已封顶的二层楼房在雷闪发生时段内发生坍塌，造成楼内17人遇难的严重后果。据专家事后调查，确认该建筑物钢筋有雷电流流过（剩磁值为$6\mu T$），但是该建筑的防雷工程施工是否合理，采用材料是否达标？如果本标准能早于该事件发生前出版并实施，这类灾害应该是可以避免的。

3. 对部分材料的质量规定（附录B、C）综合考虑了近10年及未来几年我国的经济发展情况，选材适中，经济合理，能大量节约铜等贵金属材料。

4. 如本前言二、三所述，仅仅将施工工艺进行合理的规定，对一幢居民楼而言，就能节约大量的焊条、电能和用工，初步估算约可节约近1000元。如果在全国的建筑业推广施行，每年仅此一项便能节约10亿元以上的资金。

六、标准中尚存在的主要问题和今后需要进行的主要工作

作为一项防雷工程的施工专项标准，本标准应做到与其他国家工程建设施工标准之间的协调和与国家工程建设防雷工程设计标准之间的协调。但是由于有些现行标准编制时间较早，有些技术规定不尽合理，本标准中一些技术规定采用了先进的技术方法；还有一些因协调需要，尚未完全采用国际标准和国外先进技术标准的内容以及不断发展的防雷新技术。这是在今后通过本标准的执行实践，取得经验后需进一步补充完善的。

目 录

1 总则 ·· 1
2 术语 ·· 4
3 基本规定 ·· 12
　3.1 施工现场质量管理 ·· 12
　3.2 施工质量控制要求 ·· 13
4 接地装置分项工程 ··· 16
　4.1 接地装置安装 ··· 16
　4.2 接地装置安装工序 ·· 22
5 引下线分项工程 ··· 24
　5.1 引下线安装 ··· 24
　5.2 引下线安装工序 ·· 30
6 接闪器分项工程 ··· 31
　6.1 接闪器安装 ··· 31
　6.2 接闪器安装工序 ·· 36
7 等电位连接分项工程 ··· 38
　7.1 等电位连接安装 ·· 38
　7.2 等电位连接安装工序 ·· 43
8 屏蔽分项工程 ··· 46
　8.1 屏蔽装置安装 ··· 46
　8.2 屏蔽装置安装工序 ·· 50
9 综合布线分项工程 ··· 53
　9.1 综合布线安装 ··· 53
　9.2 综合布线安装工序 ·· 56

10 电涌保护器分项工程 ································· 59
  10.1 电涌保护器安装 ································· 59
  10.2 电涌保护器安装工序 ····························· 69
11 工程质量验收 ······································· 71
  11.1 一般规定 ······································· 71
  11.2 防雷工程中各分项工程的检验批划分和检测要求 ········· 74
附录 A 施工现场质量管理检查记录 ······················· 85
附录 B 外部防雷装置和等电位连接导体的材料规格 ······· 86
附录 C 电涌保护器分类和应提供的信息要求 ············· 92
附录 D 安装图 ··· 97
附录 E 质量验收记录 ·································· 112

1 总　　则

1.0.1 为加强建筑物防雷工程质量监督管理，统一防雷工程施工与质量验收，保证工程质量和建筑物的防雷装置安全运行，制定本规范。

【1.0.1解析】建筑物防雷工程应由设计规范和施工规范两部分组成。自1983年《建筑物防雷设计规范》GB 50057发布以来，已经于1994年、2000年两次修订或局部修订。2009年根据中华人民共和国住房和城乡建设部"关于印发2005年工程建设标准规范制定、修订计划（第一批）的通知"要求，该标准又进行了全面修订。2008年等同采用国际电工委员会（IEC）的雷电防护技术标准以GB/T 21714.1-4：2008标准号发布实施。以上标准主要规定了建筑物（含建筑物内的电气系统和电子系统）防雷设计内容，而较少对建筑物防雷工程与质量验收进行规定。

工程建设国家标准《建筑工程施工质量验收统一标准》将建筑工程分为地基与基础、主体结构、建筑装饰装修、建筑屋面、建筑给水、排水及采暖、建筑电气、智能建筑、通风与空调和电梯共9项分部工程。在建筑电气分部工程中又分为室外电气、变配电室、供电干线、电气动力、电气照明安装、备用和不间断电源安装和防雷及接地安装共7项子分部工程。在《建筑工程施工质量验收统一标准》GB 50300"作为建筑工程各专业工程施工质量验收规范编制的统一准则"的原则下，我国已发布实施了许多分部或子分部工程专业施工及质量验收规范，如本标准"引用标准名录"中的9

号、10号、12号和13号。此外,在本书"前言"中也列举了大量标准名称。

由于防雷工程涉及建筑物的安全,无论是设计还是施工中的不慎或疏漏,均可能造成建筑物的物理损坏、引起火灾、造成人员伤亡或电气系统和电子系统的损害。因此,编制一部建筑物防雷工程施工与质量验收的标准,对加强防雷工程质量监督管理、统一防雷工程施工与质量验收办法是非常必要的。

1.0.2 本规范适用于新建、改建和扩建建筑物防雷工程的施工与质量验收。

【1.0.2解析】本条明确了适用范围为建筑物防雷工程的施工与质量验收。包括新建、扩建、改建建筑物防雷工程,同时包括新建建筑物中的防雷工程和已建好建筑物内的防雷工程。

1.0.3 建筑物防雷工程施工与质量验收除应符合本规范外,尚应符合国家现行有关标准的规定。

【1.0.3解析】为避免与其他相关标准的矛盾或冲突,同时不宜大量引用现行有关标准内容而造成重复。本条作此原则规定。本标准主要依据和引用了如下国家现行标准,见表1-1。

表1-1 本标准引用的国家现行标准

序号	标准号	标 准 名 称
1	GB 12190	高效能电磁屏蔽室屏蔽效能检测方法
2	GB 16895.22	建筑物电气装置第5-53部分电气设备的选择和安装 隔离、开关和控制设备
3	GB 18802.1	低压配电系统的电涌保护器(SPD)第1部分:性能要求和试验方法
4	GB 18802.2	低压配电系统的电涌保护器(SPD)第12部分:选择和使用导则

续表 1-1

序号	标准号	标准名称
5	GB 18802.21	低压配电系统的电涌保护器（SPD） 第21部分：电信和信号网络的电涌保护器（SPD）——性能要求和试验方法
6	GB/T 21431	建筑物防雷装置检测技术规范
7	GB/T 21714.3—2008/IEC 62305-1：2006	雷电防护 第3部分：建筑物的物理损坏和生命危险
8	GB 50057	建筑物防雷设计规范
9	GB 50169	电气装置安装工程 接地装置施工及验收规范
10	GB 50204	混凝土结构工程施工质量验收规范
11	GB 50300	建筑工程施工质量验收统一标准
12	GB 50312	综合布线系统工程验收规范
13	GB 50462	电子信息系统机房施工及验收规范
14	JGJ/T 152	混凝土内钢筋检测技术规程
15	QX/T 10.3	电涌保护器 第3部分：在电子系统信号网络中选择和使用原则
16	02D501-2	等电位联结安装
17	IEC 60364-4-44	低压电气装置 第4-44部分：安全防护 低压骚扰和电磁骚扰防护
18	IEC 61643-22	低压电涌保护器 第22部分：电信和信号网络的电涌保护器选择和使用原则

2 术 语

2.0.1 防雷装置 lightning protection system（LPS）

用以对建筑物进行雷电防护的整套装置，它由外部防雷装置和内部防雷装置两部分组成。

【2.0.1 解析】在《建筑物防雷设计规范》GB 50057 中规定防雷装置是接闪器、引下线、接地装置、电涌保护器及其他直接导体的总合。在《雷电防护 第 1 部分：总则》IEC 62305-1 中防雷装置的定义是：用来减小雷击建筑物造成物理损坏的整个系统。并注明由外部防雷装置和内部防雷装置组成。本标准中的防雷装置是《建筑物防雷设计规范》GB 50057—94 的防雷装置定义与 IEC 标准定义的复合体，定义为"用于对建筑物进行雷电防护的整套装置，由外部防雷装置和内部防雷装置组成"。通常情况下，各类防雷建筑物必须设置外部防雷装置和内部防雷装置。在建筑物内部无任何电器产品时可仅设置外部防雷装置。在与属于第一、二、三类的建筑物内电器和电子系统需防雷电电磁脉冲（LEMP）时可仅做内部防雷装置。

2.0.2 外部防雷装置 external lightning protection system

由接闪器、引下线和接地线装置组成，主要用以防护直击雷的防雷装置。

【2.0.2 解析】外部防雷装置（即传统的常规防雷装置）由接闪器、引下线和接地装置组成。外部防雷装置是采用金属材料拦截雷电闪击（接闪装置），使用金属材料将雷电流安全地引下并泄入大地，是目前唯一有效的外部防雷方法。防

雷保护是一个系统工程,其第一道防线便是受雷(或称接闪)、引流(或称引下)、接地(散流系统),也就是外部防雷装置。

2.0.3 内部防雷装置 internal lightning protection system

除外部防雷装置外,所有其他防雷附加设施均为内部防雷装置,如屏蔽、等电位连接、安全距离和电涌保护器(SPD)等。主要用来减小雷电流在所需防护空间内产生的电磁效应。

【2.0.3解析】内部防雷工程的定义最早出自《建筑物的雷电防护 第1部分:总则》IEC 61024—1:1990的1.2.7:"除1.2.6条款给出的那些部分外,所有能减少需防护空间内雷电的电磁效应的措施"。1.2.6定义的是接闪器、引下线和接地装置的总和,即外部防雷装置。在德国专家希曼斯基(J. schimanski)1996年专著《过电压保护理论和实践》中用表格形式说明内部防雷包含屏蔽、等电位、安全距离和电涌保护器。这一表格自1996年底被"全国气象防雷技术交流会"介绍以来,综合防雷的组成逐步为我国防雷工程技术界所认可。《建筑物电子信息系统防雷技术规范》GB 50343中用表格形式说明内部防雷包含屏蔽、等电位连接、合理布线和安装SPD。但是2006年公布的《雷电防护 第3部分:建筑物的物理损坏和生命危险》IEC 62305-1中内部防雷装置却改为:"LPS的一个组成部分,由等电位连接和/或与外部LPS的电气绝缘组成"(定义3.42)。《建筑物防雷设计规范》GB 50057中定义为"由防雷等电位连接和与外部防雷装置的间隔距离组成"(定义2.2.20)。那么,屏蔽和SPD将置于什么范围?IEC 62305-4中定义LEMP防护系统(LEMS):内部系统用来防护LEMP的完整防护措施系统(定义3.9)。

《建筑物防雷设计规范》GB 50057中虽未明确定义,但在"基本规定"中规定了外部防雷装置和内部防雷装置的等电位连接及间隔距离之后，以4.1.3条规定了防LEMP的措施，指出防雷击电磁脉冲的措施见该规范第6章内容，其中含屏蔽和安装SPD。

综合上述内容，本规范仍按《建筑物的雷电防护 第1部分：总则》IEC 61024-1的定义，将屏蔽、安装SPD内容暂纳入内部防雷装置的定义中。

2.0.4 接地体 earth electrode

埋入土壤或混凝土基础中作散流用的导体。

【2.0.4解析】具有散流功能但不是为此目的而专门设置的建筑物内各种金属构件、基础钢筋混凝土内的钢筋等称为自然接地体。为接地而专门埋设的接地体称为人工接地体。人工接地体可分为人工垂直接地体和人工水平接地体。接地体应按是否呈环形闭合分为A型接地装置（非环形闭合）和B型接地装置（环形闭合）。在《雷电防护 第3部分：建筑物的物理损坏和生命危险》GB/T 21714.3—2008/IEC 62305-3：2006的5.4中，对A型接地装置说明是："包括安装在受保护建筑物外，且与引下线相连的水平接地极与垂直接地极"。B型接地装置"可以是位于建筑物外面且总长度至少80%与土壤接触的环形导体或基础接地体。接地体可以是网状"。可以看出两者的主要区别在于是否呈闭合状。A型接地装置大多为人工水平接地极与垂直接地极，也并不排除利用埋地水管的自然接地极，尽管这种情况是较少的。

2.0.5 接地线 earthing conductor

从引下线断线接卡或测试点至接地体的连接导体，或从接地端子、等电位连接带至接地体的连接导体。

【2.0.5解析】接地线分人工接地线和自然接地线。人工接地线一般情况下均应采用扁钢或圆钢，并应敷设在易于检

查的地方，且应有防止机械损伤及防止化学腐蚀的保护措施。从接地线敷设到用电设备的接地支线的距离越短越好。当接地线与电缆或其他电线交叉时，其间距至少要保持25mm。在接地线与管道、公路、铁路等交叉处及其他可能使接地线遭受机械损伤的地方，均应套钢管或用钢保护。当接地线跨越有震动的地方（如铁路轨道）时，接地线应略加弯曲，以便震动时有伸缩余地，从而避免断裂。自然接地线是指建筑物埋地部分的金属体，它们实际上是钢筋混凝土结构建筑物的一部分钢筋。

2.0.6 共用接地系统 common carthing system

将防雷装置、建筑物基础金属构件、低压配电保护线、设备保护接地、屏蔽体接地、防静电接地和信息技术设备逻辑地等相互连接在一起的接地系统。

【2.0.6解析】建筑物可能有防雷装置接地、基础金属构件接地、低压配电保护线（PE）接地、家用电器设备保护接地、屏蔽体接地、防静电接地、信息技术设备（ITE）接地等。一般情况下（除第一类防雷建筑物独立接地外），可共同连接到基础接地上。

2.0.7 电涌保护器 surge protective device（SPD）

用于限制瞬态过电压和分泄电涌电流的器件。至少含有一个非线性元件。

【2.0.7解析】电涌保护器的作用有两个方面，一是用于限制过电压。在《电能质量 暂时过电压和瞬态过电压》GB/T18481中定义过电压为：以 U_m 表示三相系统最高电压，则峰值超过系统最高相对地电压峰值（$\sqrt{2/3}U_m$）或最高相间电压峰值（$\sqrt{2}U_m$）的任何波形的相对地或相间过电压。过电压可分为暂时过电压和瞬态过电压。瞬态过电压持续时间比暂时过电压时间更短。电涌保护器的作用之一，就是具有限制瞬

态过电压的作用。最新的 IEC/TC37A 中规定，SPD 应有限制暂时过电压的作用。二是分泄电涌电流作用。因此，SPD 可起到保护电气系统和电子系统的作用。电涌保护器中应至少含有一个非线性元件。常用的非线性元件有放电间隙（SG）、气体放电管（GDT）、压敏电阻（MOV）、雪崩二极管（ABD）、抑制晶闸管（TSS）等。

2.0.8 后备过电流保护 back-up overcurrent protection

位于电涌保护器外部的前端，作为电气装置的一部分的过电流保护装置。

【2.0.8 解析】后备过电流保护安装在 SPD 前端，其作用是在 SPD 损坏时呈短路状态或 SPD 不能切断雷电流流过后的工频续流时能将 SPD 与被保护线路断开，防止发生燃烧等事故（见《低压配电系统的电涌保护（SPD）第 12 部分：选择和使用导则》GB/T 18802.12—2006/IEC 61643-12：2002 中的定义 3.38）。后备过电流保护可选熔丝、热熔线圈、熔断器或断路器。

2.0.9 内部系统 internal system

建筑物内的电气和电子系统。

【2.0.9 解析】引用《雷电防护 第四部分：建筑物内电气和电子系统》GB/T 21714.4 中定义 3.3 的规定。详见 2.0.10 和 2.0.11 定义的解析。

2.0.10 电气系统 electrical system

由低压供电组合部件构成的系统。

【2.0.10 解析】电气系统又称低压配电系统或低压配电线路。笔者查阅了大量国家标准和文献，如《供配电系统设计规范》GB 50052、《低压配电设计规范》GB 50054 等，均未见到对这一概念的定义，也可能属约定成俗吧。在《中国电力百科全书——输电与配电卷》中有"低空架空配电线路"的释

义,指"电压为1kV以下的架空配电线路,也称为二次配电线路"。在《IEC电工电子标准术语词典》中对"低压"定义为:"用于配电,上限一般为交流1000V的电压等级。"在IEC/TC 64标准中有称为"建筑物电气装置"或"低压电气装置"的术语。供电系统不同于配电系统,供电系统为降低能耗,多采用高压、中压,只有在接近低压用户时,才通过变压器将电压降至1kV(有效值)或以下。以后的配电线路和低压用户的各种电器的总合,可称为低压配电系统或电气系统。目前,国内有些生产厂商把用于低压配电系统的SPD称为"电源SPD",这是不对的。电源应专指发电厂或电力公司的高压供电,也可指高低压变电器,而SPD是安装在低压配电系统中的,从《低压配电系统的电涌保护器(SPD)第1部分:性能要求和试验方法》GB 18802.1—2002/IEC 61643-1:1998的名称也可以看出这一点。至于把SPD称为"避雷器"或"低压避雷器"则更不对了,避雷器属于高压配电线路上使用的,其从属于IEC/TC 37的IEC 60099系列标准。

2.0.11 电子系统 electronic system

由通信设备、计算机、控制和仪表系统、无线电系统和电力电子装置构成的系统。

【2.0.11解析】在《雷电电磁脉冲的防护》IEC 61312-1的"引言"中称"鉴于各种类型的电子系统包括计算机、电信设备、控制设备等(在本标准中称之为信息系统)的应用不断增加……",从而引出了"信息系统"这一概念。在众多相关标准中,除《建筑物电子信息系统防雷技术规范》GB 50343在标准的标准名称中使用"信息系统"外,尚有将《电子计算机机房设计规范》GB 50174改为《电子信息系统机房设计规范》GB 50174,此外其他国标名称中均未出现"信息系统"这一名称。在《信息设备的安全》GB 4941—2001/IEC

60950:1999、《建筑物电气装置 第548节 信息技术装置的决定和等电位连结》GB/T 16895.17—2002/IEC 60364-5-548:1996、《信息技术设备的无线电骚扰限值和测量方法》GB 9254、《信息技术设备抗扰度限值和测量方法》GB/T 17618中均使用了"信息技术设备（ITE）"或"信息技术装置"，而不用"信息系统"。

本标准电子系统的组成中，已含ITE。

2.0.12 检验批 inspection lot

按同一的生产条件或规定的方式汇总起来供检验用的，由一定的数量样本组成的检验体。

【2.0.12解析】检验批又称为施工单位。从基本定义可知其有四个属性，第一，同一生产条件或规定方式。第二，将同一生产条件或规定方式汇总的各种情况，特指反映质量情况。第三，汇总的情况用来检验质量是否符合标准规范的规定。第四，所要提供的不仅仅是一个样本，而是由两个以上多个样本组成的检验体。以上四个属性可以总结为单一生产条件性或规定方式性；综述性又可称为全面性；目的性又可称为用途性；数量性又可称为集成性。在《建筑物防雷工程施工与质量验收规范》中，把建筑物防雷工程质量验收的检验批划分为接地装置、引下线、接闪器、等电位连接、屏蔽、综合布线、电涌保护器安装共7个分项工程的若干检验批。

2.0.13 主控项目 dominant item

建筑工程中对安全、卫生、环境保护和公众利益起决定性作用的检验项目。

【2.0.13解析】主控项目是在建筑工程项目中对安全性起决定性作用、对卫生问题起决定性作用、对环境保护问题起决定性作用、对公众利益起决作性作用的项目。

建筑工程项目中的安全主要是指建筑物的使用安全，包括两个方面，即对人身安全、财产的保障安全。建筑工程项目中的卫生主要是指建筑物的使用性方面，分为对人身健康的影响及环境卫生两个方面。环境保护是指建筑物对环境影响作用的因素，诸如噪声、空气污染等公众利益是建筑物在使用过程中对公众利益是否有侵害现象等行为。

在建筑物防雷工程施工中，也有很多要素对安全、卫生、环境保护、公众利益起决定性作用，必须列入主控项目。如本规范的4.1.1第3款"在建筑物外人员可经过或停留的引下线与接地体连接处3m范围内，应采用防跨步电压对人员造成伤害的一种或多种方法"，该款明确地说明涉及人身安全及公众利益问题，所以列入主控项目范围。鉴于建筑物防雷施工与质量验收规定是一部专门针对指建筑物防雷工程施工与质量验收的专业规范，加之建筑物防雷工程其本质是对安全和公众利益起决定性作用的项目，所以本标准中的主控项目主要是对安全和公众利益起决定性作用的项目。

2.0.14 一般项目 general item

除主控项目以外的检验项目。

【2.0.14解析】一般项目即除对安全、卫生、环保、公众利益起决定性作用的主控项目外的检验项目。

3 基本规定

3.1 施工现场质量管理

3.1.1 防雷工程施工现场的质量管理，应有相应的施工技术标准、健全的质量管理体系、施工质量检验制度和综合施工质量水平判断评定考核制度。总监理工程师或建设单位项目负责人应逐项检查并填写本规范附录 A 表 A.0.1。

【3.1.1 解析】本条提出建筑物防雷工程施工现场质量管理的四项要求：一是有详细的施工技术标准体系；二是有完善的质量管理体系；三是有施工质量检验制度；四是有综合施工质量水平评定考核制度；简称为"四有质量管理机制"。这是对建筑物防雷工程施工现场质量管理的基本要求。评价建筑物施工现场质量管理主要查核施工现场"四有"基本状况，考核方法之一是填写本标准附录 A 的《施工现场质量检查记录表》，该表源自《建筑工程施工质量验收统一标准》GB 50300。

3.1.2 施工人员、资质和计量器具应符合下列要求：

1 施工中的各工种技工、技术人员均应具备相应的资格，并应持证上岗。

2 施工单位应具备相应的施工资质。

3 在安装和调试中使用的各种计量器具，应经法定计量认证机构检定合格，并应在检定合格有效期内使用。

【3.1.2 解析】本条规定了对施工人员、资质和计量器具三方面的要求。其一，建筑物防雷工程施工项目经理、技术

负责人以及各种技工均应具备相应的资质证书并持证上岗。项目经理必须持国家核发的电气专业建造师。技术负责人必须具有省级以上有关部门核发的建筑物防雷工程施工岗位证书。技工必须有县（市）级劳动人事部门核发的技术作业证。其二防雷工程施工单位必须在住房和城乡建设部或中国气象局颁发的建筑电气施工资质或防雷工程施工资质规定范围内进行施工。其三，在建筑物防雷工程施工中所使用的各种计量器具均应由法定计量认证机构检定合格并在有效期内使用。本条的三方面规定是建筑物防雷施工、监管、管理的重要依据。

3.2 施工质量控制要求

3.2.1 防雷工程采用的主要设备、材料、成品、半成品进场检验结论应有记录，并应在确认符合本规范的规定后再在施工中应用。对依法定程序批准进入市场的新设备、器具和材料进场验收，供应商尚应提供安装、使用、维修和试验要求等技术文件。对进口设备、器具和材料进场验收，供应商尚应提供商检（或国内检测机构）证明和中文的质量合格证明文件，规格、型号、性能检验报告，以及中文的安装、使用、维修和试验要求等技术文件。

当对防雷工程采用的主要设备、材料、成品、半成品存在异议时，应由法定检测机构的试验室进行抽样检测，并应出具检测报告。

主要防雷装置的材料、规格和试验要求宜符合本规范附录B和附录C的规定。

【3.2.1解析】本条主要针对建筑物防雷工程施工中所使用的设备材料、成品、半成品的具体要求。要求凡进场的主要设备、材料、成品、半成品均应进行检验，且在检验合格、

符合要求、做好检验记录后，方能在施工中应用，否则不得使用。对依法定程序批准进入市场的新设备、器具和材料同样如此，进场需进行验收，且应验收合格、符合要求、做好记录。进口设备、器材和材料的供应商还需提供商检（或国内检测机构）证明和中文质量合格证明文件，产品规格、型号、性能检验报告，中文的安装、使用、维修、试验要求等技术文件。当设备、器具材料存在异议时，应由法定检测机构的实验室进行抽样检测，如检测合格，应出具检测报告，确认符合本条要求，后方可使用。建筑物防雷工程的材料规格和试验要求按本标准附录B和附录C执行。

3.2.2 各工序应按本规范规定的工序进行质量控制，每道工序完成后，应进行检查。相关各专业工种之间，应进行交接检验，并应形成记录，应包括隐蔽工程记录。未经监理工程师或建设单位技术负责人检查确认，不得进行下道工序施工。

【3.2.2解析】本条是针对建筑物防雷工程施工过程的质量控制的基本要求。明确规定，建筑物防雷工程施工必须按程序进行。且要求每道工序完成后进行自检、互检、交接检。交接检中，项目部负责人、技术负责人、工序段技术负责人、下段技术负责人、建设单位负责人、监理工程师均应到场，作出合格与不合格判定，并形成记录，参检对象分别签字确认。未经监理工程师或建设单位技术责任人检查确认，不得进入下道工序施工。

3.2.3 除设计要求外，兼做引下线的承力钢结构构件、混凝土梁、柱内钢筋与钢筋的连接，应采用土建施工的绑扎法或螺丝扣的机械连接，严禁热加工连接。

【3.2.3解析】承力钢结构构件，含构件内的钢筋采用焊接连接时会降低建筑物结构的负荷能力。《建筑物防雷设计规范》GB 50057条文说明第4.3.5条指出："在交叉点采用金属

绑扎在一起……这样一类建筑物具有许许多多钢筋和连接点,它们保证将全部雷电流经过许多次再分流流入大量的并联放电路径",因此,绑扎可以保证雷电流的泄放。《建筑电气施工质量验收规范》GB 50303 中第 3.1.2 条要求"除设计要求外,承力建筑钢结构构造上,不得采用熔焊连接……;且严禁热加工开孔"。在《雷电防护 第 3 部分:建筑物的物理损坏和生命危险》GB/T 21714.3—2008/IEC 62305-3:2006 的 E.4.3 中多次指出"应与工程承包方协商决定是否与主钢筋焊接"、"仅在建筑设计人员同意后,才可进行主钢筋焊接"。本条提出在建筑物防雷工程施工中,除设计要求外兼做引下线的承力钢结构构件,混凝土梁、柱内钢筋与连接方法宜采用绑扎法或螺丝扣,严禁热加工连接。

4 接地装置分项工程

4.1 接地装置安装

4.1.1 主控项目应符合下列规定：

1 利用建筑物桩基、梁、柱内钢筋做接地装置的自然接地体和为接地需要而专门埋设的人工接地体，应在地面以上按设计要求的位置设置可供测量、接人工接地体和做等电位连接用的连接板。

2 接地装置的接地电阻值应符合设计文件的要求。

3 在建筑物外人员可经过或停留的引下线与接地体连接处3m范围内，应采用防止跨步电压对人员造成伤害的下列一种或多种方法如下：

1）铺设使地面电阻率不小于$50k\Omega \cdot m$的5cm厚的沥青层或15cm厚的砾石层。

2）设立阻止人员进入的护栏或警示牌。

3）将接地体敷设成水平网格。

4 当工程设计文件对第一类防雷建筑物接地装置设计为独立接地时，独立接地体与建筑物基础地网及与其有联系的管道、电缆等金属物之间的间隔距离，应符合现行国家标准《建筑物防雷设计规范》GB 50057中第4.2.1条的规定。

【4.1.1解析】本条主要是针对建筑物防雷工程中的接地装置分项工程的接地装置安装工程的主控项目。本条中提出了4项主控项目，一是提出了自然接地体与专门埋设的接地体均应设置可供测量和接人工接地体及等电位连接用的连接

板，这是建筑物防雷工程接地装置安装中的必须要求。否则难以检测建筑物防雷工程接地装置状况，同时等电位连接无法实施。二是接地装置的接地电阻值应符合设计文件要求。根据《建筑物防雷设计规范》GB 50057 中的规定对第一类防雷建筑物的独立接闪器，其接地电阻值不宜大于 10Ω。在土壤电阻率高的地区，可以放宽到 30Ω 以内。对第二、三类防雷建筑物，当建筑物采用共用接地装置时"共用接地装置的接地电阻应按 50Hz 电气装置的接地电阻确定，以不大于其按人身安全所确定的接地电阻值为准"。这是由于共用接地的防雷接地、屏蔽体接地和防静电接地所需求的阻值都不是很小（低值），ITE 设备的逻辑地有选用 S 型和 M 型要求，而无低接地电阻值要求，因此突出了低压电气设备保护接地要求。其要求见《低压配电设计规范》GB 50054 第四章第四节"接地故障保护"中的相关规定。三是在建筑物外，需要防止跨步电压对人员造成伤害之处，应采用一种或多种方法处置。(1) 本条第 3 款中的"在建筑物外人员可能停留或经过的区域"一般指建筑物出入口及人行道地下接地体与引下线连接点起 3m 范围内。防跨步电压的最新国际标准《雷电防护 第 3 部分：建筑物的物理损坏和生命危险》IEC 62305-3 文件 TC81/337/CDV2009-09-18 中第 8 章规定："引下线 3m 范围内土壤地表层的接触电阻不小于 100kΩ"，接触电阻指人体两脚与土壤地表层的接触电阻。由于人的脚上可能有绝缘程度不同的鞋，因此接触电阻值很难判定。按《雷电导致的损害危险估计》IEC 61662 中建议："R_c 是人体一只脚与地表层的接触电阻，其值取 $4\rho_s$，ρ_s 是土壤地表层的电阻率"。R_c 是两脚与土壤地表层接触电阻的 2 倍，所以 R_c = 200 kΩ，得出在建筑物防雷工程施工中对引下线 3m 范围内土壤地表层电阻率 ρ_s 不小于 50 kΩ·m 的要求。(2) 在地面下接地体与引下线连接到3m范围内的地面电阻率不小于50kΩ·m。可铺设5cm厚的沥青层或15cm厚的砾石层满足标准要求。(3)使用护栏或警示牌,使人进入伤害区域的可能性减少到最低限度。(4)用网状接地装置对地面做均衡电位处理,减少伤害。以上多种处理方法在建筑物需防止跨步电压对人员伤害之处必须至少采用一种方法进行处理。其四,当工程设计文件对第一类防雷建筑物接地装置设计为独立接地时,其与建筑物基础地网及其有联系的管道、电缆等金属物之间的距离应符合现行国家标准《建筑物防雷设计规范》GB 50057中第4.2.1条的规定要求。其目的是防止地电位反击。

4.1.2 一般项目应符合下列规定:

1 当设计无要求时,接地装置顶面埋设深度不应小于0.5m。角钢、钢管、铜棒、铜管等接地体应垂直配置。人工垂直接地体的长度宜为2.5m,人工垂直接地体之间的间距不宜小于5m。人工接地体与建筑物外墙或基础之间的水平距离不宜小于1m。

2 可采取下列方法降低接地电阻:

1)将垂直接地体深埋到低电阻率的土壤中或扩大接地体与土壤的接触面积。

2)置换成低电阻率的土壤。

3)采用降阻剂或新型接地材料。

4)在永冻土地区和采用深孔(井)技术的降阻方法,应符合现行国家标准《电气装置安装工程 接地装置施工及验收规范》GB 50169中第3.2.10条~第3.2.12条的规定。

5)采用多根导体外引,外引长度应不大于现行国家标准《建筑物防雷设计规范》GB 50057中第5.4.6条的规定。

3 当接地装置仅用于防雷保护,且当地土壤电阻率较高,难以达到设计要求的接地电阻值时,可采用现行国家标准《雷

电防护 第3部分：建筑物的物理损坏和生命危险》GB／T21714.3—2008/IEC 62305—3：2006 中第5.4.2条的规定。

  4 接地体的连接应采用焊接，并宜采用放热焊接（热剂焊）。当采用通用的焊接方法时，应在焊接处做防腐处理。钢材、铜材的焊接应符合下列规定：

  1）导体为钢材时，焊接时的搭接长度及焊接方法要求应符合表4.1.2的规定。

  2）导体为铜材与铜材或铜材与钢材时，连接工艺应采用放热焊接，熔接接头应将被连接的导体完全包在接头里，要保证连接部位的金属完全熔化，并应连接牢固。

表4.1.2 防雷装置钢材焊接时的搭线长度及焊接方法

焊接材料	搭接长度	焊接方法
扁钢与扁钢	不应少于扁钢宽度的2倍	两个大面不应少于3个棱边焊接
圆钢与圆钢	不应少于圆钢直径的6倍	双面施焊
圆钢与扁钢	不应少于圆钢直径的6倍	双面施焊
扁钢与钢管、扁钢与角钢	紧贴角钢外侧两面或紧贴3/4钢管表面，上、下两侧施焊，并应焊以由扁钢弯成的弧形（或直角形）卡子或直接由扁钢本身弯成弧形或直角形与钢管或角钢焊接	

  5 接地线连接要求及防止发生机械损伤和化学腐蚀的措施，应符合现行国家标准《电气装置安装工程 接地装置施工及验收规范》GB 50169中第3.2.7、第3.3.1和第3.3.3条的规定。

  6 接地装置在地面处与引下线的连接施工图示和不同地基的建筑物基础接地施工图示，可按本规范附录D中的图D.0.1-1~图D.0.1-3。

  7 敷设在土壤中的接地体与混凝土基础中的钢材相连接

时，宜采用铜材或不锈钢材料。

【4.1.2解析】本款主要是针对建筑物防雷工程接地装置分项工程的接地装置安装的一般性控制项目。一般性控制项目主要有7个方面的控制。

其一，当设计无要求时，接地装置顶面埋设深度不应小于0.5m的规定，见《建筑物防雷设计规范》GB 50057中第5.4.4条和《雷电防护 第3部分：建筑物的物理损坏和生命危险》GB/T 21714.3—2008/IEC 62305-3：2006中第5.4.3条。在《电气装置安装工程 接地装置施工及验收规范》GB 50169中第3.3.1条规定的深度为"不应小于0.6m"，因本标准为防雷工程标准，所以遵从0.5m的规定。

在《建筑物防雷设计规范》GB 50057中对垂直接地体的间距有如下说明，"当接地装置由多根水平或垂直接地体组成时，为了减小相邻接地体的屏蔽作用，接地体的间距一般为5m，相应的利用系数约为0.75~0.85"。有计算说明，n根垂直接地极并联后的总接地电阻R，要比R/n大些，这是由各垂直接地极间的相互屏蔽所造成的，通常把R/n与R_n之比称为利用系数，其值小于1。

其二，影响接地体接地电阻的因子主要有二个，一是接地极与土壤的接触面积；二是接地极周围土壤的电阻率。因此降低接地电阻的方法主要是将垂直接地体深埋到低电阻率的土壤中或扩大接地体与土壤接触面积。在本条中，第1~4款的方法均围绕着降阻两个因子。近年来，我国市场上出现了一种称为"非金属接地模块"的降阻材料，其实也并非纯非金属物，而是以金属材料（如钢筋）为骨，在其周围浇灌了低电阻率的木炭、高岭土乃至化学物品并干燥成型的材料。其实际上还是降阻剂加金属接地极。因此，还是叫"金属接地模块"为妥。关于外引接地极，是有有效长度的限制的。

IEC/TC81/WG4 在 1984 年 1 月的进展报告中指出："由于电脉冲在地中的速度是有限的，而且由于冲击雷电流的陡度很高，一接地装置仅有一定的最大延伸长度能有效地将冲击电流散流入地"。该报告附图画出两条线，一条线是接地体延伸最大值 l_{max}，它对应于长波头，即对应闪击对大地的首次雷击；另一条线是接地体延伸最小值 l_{min}，它对应于短波头，即对应于闪击对大地的后续雷击。将这两条线用计算式来表示，为 $l_{max}=4\sqrt{\rho}$ 和 $l_{min}=0.7\sqrt{\rho}$，取其平均值即外引长度的有效值为 $2\sqrt{\rho}$。当水平接地体敷设于不同土壤电阻率的土壤中时，可以分段计算。

其三，当接地装置仅用于防雷保护时，有时因当地土壤电阻率较高，为达到设计的接地电阻（如10Ω或30Ω）要求，可能需要较大的投入且尚难以达到设计要求。按《建筑物防雷设计规范》GB 50057 和《雷电防护 第3部分：建筑物的物理损坏和生命危险》GB/T 21714.3—2008/IEC 62305—3：2006 中的规定，可采取加长 A 型接地装置接地极的长度或 B 型接地装置包围或覆盖的面积，以使防雷接地电阻值可不作规定。对第一类防雷建筑物：当土壤电阻率不大于500Ω·m 时，A 型接地装置的接地极的长度应不小于5m；B 型接地装置的等效半径应不小于5m。此时，无须补加人工接地体，防雷接地电阻值可不作要求。当土地电阻率大于500Ω·m 小于3000Ω·m 时，A 型接地装置的接地极长度不小于（$11\rho-3600$）/380；B 型接地装置的等效半径应不小于（$11\rho-3600$）/380 即符合要求。对第二类防雷建筑物：当土壤电阻率不大于800Ω·m 时，A 型接地装置的接地极的长度应不小于5m；B 型接地装置的等效半径应不小于5m 即符合要求。当土地电阻率大于800Ω·m 至3000Ω·m 时，A 型接地装置的接地极长度应不小于（$\rho-550$）/50；B 型接地装置的等效半径应不小于（$\rho-550$）/50 即符合要求。对第三类防雷建筑物：A型接地装置的接地极的长度应不小于5m；B型接地装置的等效半径应不小于5m或环形网状接地包围（覆盖）的面积不小于$79m^2$即符合要求。采用上述施工工艺的最大优点是节约和方便施工。

其四，接地体连接控制。本条第4款提出接地体的连接应采用焊接法，同时提出，接地体的连接方法有条件时最好使用放热焊接，又称热剂焊。如采用通用焊接法，应在焊接处做防腐处理。导体为钢材时，焊接的连接长度及焊接方法应符合表4.1.2要求。导体为钢材或铜材与钢材连接时，被连接的导体必须完全包在接头里。连接部位的金属完全熔化且放热焊接接头表面平滑无贯穿性气孔。

其五，接地体防化防损控制。本条第5款提出接地体连接要求及防止发生机械损伤和化学腐蚀的措施应当符合国家标准《电气装置安装工程接地装置施工及验收规范》GB 50169中3.2.4、3.3.1和3.3.3要求。

其六，接地装置地面处与引下线连接控制。本条第6款提出按本标准附录D要求，可见附录D中的相关图示。

其七，接地体连接电位差控制。本条第7款的规定是考虑到不同金属连接中产生的化学电池电位差可能造成的腐蚀作用。在《雷电防护 第3部分：建筑物的物理损坏和生命危险》IEC 62305-3的E.5.4.3.2中指出："混凝土中的钢筋同土壤中的铜一样在电化学序列中有近似相同的地电位。这一点为钢筋混凝土建筑物设计接地装置提供了一个良好的工程解决方法"。在IEC/TC81/297/CD：2007-11-30中明确为："由于钢材在混凝土中的自然地位，在混凝土外面设置的接地体宜采用铜材或不锈钢材料"。

4.2 接地装置安装工序

4.2.1 自然接地体底板钢筋敷设完成，应按设计要求做接地施工，应经检查确认并做隐蔽工程验收记录后再支模或浇捣混凝土。

【4.2.1解析】本条特指自然接地体，也就是我们通常讲的与大地连接的各种金属构件、金属井管、金属管道（输运易燃易爆液体和气体的管道除外）及建筑物的钢筋混凝土等，称为自然接地体。自然接地体中的各种底板钢构件按设计完成接地施工，并经检查确认，做好隐蔽工程验收记录后，才能进入下道工序，支模或浇灌混凝土。

4.2.2 人工接地体应按设计要求位置开挖沟槽，打入人工垂直接地体或敷设金属接地模块（管）和使用人工水平接地体进行电气连接，应经检查确认并做隐蔽工程验收记录。

【4.2.2解析】人工接地体包括垂直接地体、水平接地体和接地网。本条规定人工接地体按设计要求位置进行开挖沟槽，然后打入人工垂直接地体或敷设水平接地体、进行电气连接，连接后，经检查确认并做隐蔽工程验收记录，方可进入下道工序。

通常讲，无论何种接地体均为金属物质，而最近有一种产品称为"非金属模块"，其在金属材料周围固定了一些降阻剂，已经列入了相关标准。按《建筑电气工程施工质量验收规范》GB 50303中3.3.18和《电气装置安装工程接地装置施工及验收规范》GB 50169中3.5.1的规定，称为接地模块（管），因此本条称之为金属接地模块（管）。

4.2.3 接地装置隐蔽应经检查验收合格后再覆土回填。

【4.2.3解析】本条提出接地装置的隐蔽部分，施工后，须立即进行查验是否合格，必须经过验收合格后，方可在隐蔽装置接地体上面进行露土或铺设地面绝缘砾石及沥青层等进行回填。

5 引下线分项工程

5.1 引下线安装

5.1.1 主控项目应符合下列规定：

1 引下线的安装布置应符合现行国家标准《建筑物防雷设计规范》GB 50057—2010 的有关规定，第一类、第二类和第三类防雷建筑物专设引下线不应少于两根，并应沿建筑物周围均匀布设，其平均间距分别不应大于 12m、18m 和 25m。

2 明敷的专用引下线应分段固定，并应以最短路径敷设到接地体，敷设应平正顺直、无急弯。焊接固定的焊缝应饱满无遗漏，螺栓固定应有防松零件（垫圈），焊接部分的防腐应完整。

3 建筑物外的引下线敷设在人员可停留或经过的区域时，应采用下列一种或多种方法，防止接触电压和旁侧闪络电压对人员造成伤害：

1）外露引下线在高 2.7m 以下部分穿不小于 3mm 厚的交联聚乙烯管，交联聚乙烯管应能耐受 100kV 冲击电压（1.2/50μs 波形）。

2）应设立阻止人员进入的护栏或警示牌。护栏与引下线水平距离不应小于 3 m。

4 引下线两端应分别与接闪器和接地装置做可靠的电气连接。

5 引下线上应无附着的其他电气线路，在通信塔或其他高耸金属构架起接闪作用的金属物上敷设电气线路时，线路应采用直埋于土壤中的铠装电缆或穿金属管敷设的导线。电缆的金属护层或金属管应两端接地,埋入土壤中的长度不应小于10m。

6 引下线安装与易燃材料的墙壁或墙体保温层间距应大于**0.1m**。

【5.1.1解析】本条主要是针对建筑物防雷工程引下线分项工程的引下线安装的主控项目。可分为6个主控项目。

其一,安装布置控制。本条第1款规定,按建筑物防雷分类,各类防雷建筑物引下线的间距要求为,第一类建筑物应不大于12m,第二类建筑物不大于18m,第三类建筑物不大于25m。需要说明的是,此规定为"平均间距"。这是由于有些建(构)筑物在规定间距内无法安装引下线,如火箭发射器的大门宽度远远大于规定的引下线间距。又如某些古建筑的通面阔往往有人经过或停留,安装了明敷引下线可能会造成接触电压或跨步电压伤害,而且对古建筑原貌造成损坏。在《雷电防护 第3部分:建筑物的物理损坏和生命危险》GB/T 21714.3—2008/IEC 62305-3:2006 的 E.5.3.1 中规定"引下线应尽可能均匀分布在建筑物四周,并对称",其间距要求分别为10m、15m和25m。由于我国建筑物的柱距为6m,因此《建筑物防雷设计规范》GB 50057 将之扩大为12m、18m和25m。同时 E.5.3.1 中还规定:"如果由于应用限制及建筑物几何形状的限制,某一个侧面不能安装引下线,则应在其他侧面增设引下线来作为补偿"。

其二,明敷引下线安装控制。本条第2款规范了明敷引下线施工中的4个要素:一是提出安装路径走向沿建筑物外墙敷设。二是提出以最短路径敷设到接地体。什么是最短路径,在本规范中没有明确要求,这就需要按照建筑物具体情况去寻求最短路径。三是提出明敷线分段固定,见本标准表

5.1.2的要求。四是提出了敷设外观上的具体要求，即敷设平正顺直，无急弯，焊接固定的焊缝饱满无遗漏，螺栓固定应有防松零件（垫圈）。焊接部分防腐完整等具体要求。

其三，引下线的安全控制。本条第3款是针对引下线设置在建筑物外、人员可能停留或经过的区域，为确保人身安全，预防闪击伤害，应采取的措施规定。(1) 外露引下线在高2.7m以下部分应采用能耐受100kV冲击电压（1.2/50μs波形）的绝缘层隔离，穿不小于3mm厚的交联聚乙烯管，方能满足其要求。也就是说外露引下线在高度2.7m以下，如不采取措施，则有可能对人体造成雷电伤害。(2) 可采用护栏或警示牌使人不得靠近危险区域，一般认为，在3m之外是安全的。

其四，引下线端头直接控制。引下线两端应分别于接闪器和接地装置做可靠的连接，所设可靠连接需按照接地体连接控制要求进行。

其五，引下线防护控制。按照《建筑物防雷设计规范》GB 50057中的规定，接闪器和引下线上严禁悬挂各类电线。在通信塔及其他高耸金属构架这些接闪器上肯定会敷设电气线路，此时线路必须按《电气装置安装工程 接地装置施工及验收规范》GB 50169中第3.5.3条的规定，采用直埋于土地中的铠装电缆或穿金属管敷设的导线，且埋入土地中的长度必须大于10m，方可与配电装置的接地网相连、与电缆线相连，或与低压配电装置相连。通讯信号线同样如此。

其六，引下线防火控制。本条第6款的要求引自《雷电防护 第3部分：建筑物的物理损坏和生命危险》GB/T 21714.3/IEC 62305-3：2006中第5.3.4条"与受保护建筑物非分离的LPS，其引下线可按以下方式安装：

(1) 如果墙壁为非易燃材料，引下线可安装在墙表面或墙内；

（2）如果墙壁为易燃材料，且雷电流通过时引起的温升不会对墙壁产生危险，引下线可安装在墙面上；

（3）如果墙壁为易燃材料，且雷电流通过时引起的温升会对墙壁产生危险，安装引下线时，应保证引下线与墙壁间的距离始终大于0.1m，安装支架可与墙壁接触。

当引下线与易燃材料间的距离不能保证大于0.1m时，引下线的横截面不应小于100mm²"。

在《雷电防护 第3部分：建筑物的物理损坏和生命危险》GB /T 21714.3/IEC 62305-3：2006 中 D.5.1 中要求："如果条件允许，外部LPS的所有部件（接闪器和引下线）至少应远离危险区域1m。如果条件不允许，距危险区0.5m区域内经过的导线应连接，应进行牢固焊接或压接"。此处危险区域指爆炸和火灾危险环境，对第一类防雷建筑物，当建筑物太高或其他原因难以装设独立接闪器时，可按《建筑物防雷设计规范》GB 50057规定在建筑物上架设避雷网或网和针的混合LPS。此时LPS的所有导线应电气贯通，防止产生危险的电火花，这种情况下可不受1m的限制。

2010年春节，中央电视台辅楼火灾，主要是因焰火点燃了外墙的非阻燃材料。2010年11月15日上海火灾则是电焊渣点燃了外墙非阻燃材料。因此，本款定为强制性条款文。

5.1.2 一般项目应符合下列规定：

1 引下线固定支架应固定可靠，每个固定支架应能承受49N的垂直拉力。固定支架的高度不宜小于150mm，固定支架应均匀，引下线和接闪导体固定支架的间距应符合表5.1.2的要求。

2 引下线可利用建筑物的钢梁、钢柱、消防梯等金属构件作为自然引下线，金属构件之间应电气贯通。当利用混凝土内钢筋、钢柱作为自然引下线并采用基础钢筋接地体时，不宜设置断接卡，但应在室外墙体上留出供测量用的测接地电阻孔洞及与引下线相连的测试点接头。暗敷的自然引下线（柱内钢筋）的施工应符合现行国家标准《混凝土结构工程施工质量验收规范》GB 50204 中第 5 章的规定。混凝土柱内钢筋，应按工程设计文件要求采用土建施工的绑扎法、螺丝扣连接等机械连接或对焊、搭焊等焊接连接。

表5.1.2 引下线和接闪导体固定支架的间距

布置方式	扁形导体和绞线固定支架的间距（mm）	单根圆形导体固定支架的间距（mm）
水平面上的水平导体	500	1000
垂直面上的水平导体	500	1000
地面至 20 m 处的垂直导体	1000	1000
从 20 m 处起往上的垂直导体	500	1000

3 当设计要求引下线的连接采用焊接时，焊接要求应符合本规范第4.1.2条第4款的规定。

4 在易受机械损伤之处，地面上 1.7m 至地面下 0.3m 的一段接地应采用暗敷保护，也可采用镀锌角钢、改性塑料管或橡胶等保护，并应在每一根引下线上距地面不低于 0.3m 处设置断接卡连接。

5 引下线不应敷设在下水管道内，并不宜敷设在排水槽沟内。

6 引下线安装中应避免形成环路，引下线与接闪器连接的施工可按本规范附录 D 中图 D.0.2-1 ~ 图 D.0.2-5 和图 D.0.3-2 执行。

【5.1.2解析】本条是针对建筑物防雷工程引下线分项工程引下线安装中所需控制的一般项目规定，共提出 6 款规定。

其一，引下线支架承力间距控制：本条第 1 款提出引下线固定支架应固定可靠，固定可靠体现在两个方面：（1）承力。这里的承力主要指垂直拉力，本条款中提出要能够承受

49N（5kgf）垂直拉力，这是在10级台风风荷载拉力中测验出的数据。（2）固定支架应均匀分布，应符合5.1.2中的间距要求。（3）对固定支架高度相应作了规定，固定支架高度不宜小于150mm。

其二，可采用建筑物的钢梁、钢柱、消防梯、幕墙的金属立柱等金属构件作为自然引下线。以上提出了自然引下线的选择范围。强调了必须是金属构件，不是金属构件不得作引下线，这是第一要素。对此本条款中出金属构件之间应电气贯通，电气不贯通不能起到引下线作用效果，这是第二要素。再次提出了引下线的连接方式，连接方式可采用钢锌合金焊、熔焊、卷边压接、缝接、螺钉或螺栓连接等6种方式进行连接，这是第三要素。以上是引下线施工过程控制的一般方式和普通控制项目。对当利用混凝土内钢筋、钢柱作为自然引下线并采用基础钢筋接地体时，不宜设断接头。那么如何进行测试，本规范提出要在高于地面30cm处预留供测量用的测接地电阻用的孔洞及于引下线相连的测试点接头。这是其中的一种情况。第二种情况是暗敷的自然引下线（柱内钢筋）施工过程控制，应根据《混凝土结构过程施工质量验收规范》GB 50204中的规定。规定要求，对混凝土内钢筋连接，应按过程设计文件采用土建施工的绑扎法、螺丝扣连接等机械性连接或对焊搭焊等方法连接。

其三，引下线连接焊接控制。本条款提出，当设计要求引下线的连接采用焊接时，其焊接要求，应符合本标准4.1.2条第4款规定，宜采用放热焊接（热剂焊）。采用通用焊接方法时，应在焊接处做防腐处理。钢材、铜材焊接应符合表4.1.2的要求。

其四，引下线保护控制。本条第4款提出当引下线设置在易受机械损伤之处时，也就是通常认为在通道处、机械设备工作处、车辆行驶处等，如何保护引下线，本款规定在地面上1.7m至地面下0.3m一段应采用暗敷或采用镀锌角钢、改性塑料管、橡胶等进行保护。并在每一根引下线距地面0.3m以上处设断接头进行连接，保护引下线，确保引下线发挥作用。

其五，引下线敷设区域控制。本条第5款明确规定，引下线不应敷设在下水管道内，不应敷设在排水沟槽内以及化粪池、腐蚀性土壤中等，也就是引下线敷设区域的选择要有利于保护引下线、防止锈蚀。

其六，引下线安装形式控制。主要目的是为了防止发生闪络，见附录D的相应图所示。

5.2 引下线安装工序

5.2.1 利用建筑物柱内钢筋作为引下线，在柱内主钢筋绑扎或焊接连接后，应做标志，并应按设计要求施工，应经检查确认记录后再支模。

【5.2.1解析】本条是针对利用建筑物内钢筋作为引下线时提出的规定要求，具体要求包括三个方面：其一，柱内主钢筋绑扎或焊接连接后，用红漆或其他物质做好标记。其二，要按照设计要求，采取绑扎或焊接。其三，要检查绑扎的牢实度或焊接的饱满度，进行绑扎的搭接长度、电阻等数值的测试，符合要求后，做好记录进入下道支模工序。

5.2.2 直接从基础接地体或人工接地体引出的专用引下线，应先按设计要求安装固定支架，并应经检查确认后再敷设引下线。

【5.2.2解析】本条是针对建筑物防雷工程引下线中的直接从基础接地体或人工接地体引出的专用性引下线施工所作的规定要求，规定提出了两条要求。其一按设计要求安装固定支架。其二要经检查确认合格，符合相关规范，然后才能敷设引下线。

6 接闪器分项工程

6.1 接闪器安装

6.1.1 主控项目应符合下列规定：

1 建筑物顶部和外墙上的接闪器必须与建筑物栏杆、旗杆、吊车梁、管道、设备、太阳能热水器、门窗、幕墙支架等外露的金属物进行电气连接。

2 接闪器的安装布置应符合工程设计文件的要求，并应符合现行国家标准《建筑物防雷设计规范》GB 50057 中对不同类别防雷建筑物接闪器布置的要求。

3 位于建筑物顶部的接闪导线可按工程设计文件要求暗敷在混凝土女儿墙或混凝土屋面内。当采用暗敷时，作为接闪导线的钢筋施工应符合现行国家标准《混凝土结构工程施工质量验收规范》GB 50204 中第 5 章的规定。高层建筑物的接闪器应采取明敷方法。在多雷区，宜在屋面拐角处安装短接闪杆。

4 专用接闪杆应能承受 $0.7kN/m^2$ 的基本风压，在经常发生台风和大于 11 级大风的地区，宜增大接闪杆的尺寸。

5 接闪器上应无附着的其他电气线路或通信线、信号线，设计文件中有其他电气线和通信线敷设在通讯塔上时，应符合本规范第 5.1.1 条第 5 款的规定。

【6.1.1 解析】建筑物防雷工程施工中，接闪器安装是重要环节，本标准接闪器安装条款中确定了 5 个主控项目。

其一，建筑物电气连接控制。本条第 1 款规定建筑物顶部和建筑物外墙上的接闪器必须与建筑物外的金属物进行连接。这一强制性条文引自《建筑物防雷设计规范》GB 50057中第5.2.8条、第4.3.2条、第4.4.7条和第6.3.1条的共同要求。其涉及防止雷电流流经引下线和接地装置时产生的高电位对附近人、金属物或电气和电子系统线路的反击；涉及利用建筑物上金属物体作为接闪器；涉及利用这些金属物对建筑物施行大空间磁场屏蔽等方面。其本质是等电位连接。

其二，接闪器安装布置控制。接闪器布置必须符合两个条件要求。(1) 要符合设计文件要求。(2) 要符合现行国家标准《建筑物防雷设计规范》GB 50057中对不同类别防雷建筑物接闪器的布置要求。《建筑物防雷设计规范》GB 50057对接闪器的布置要求是，可单独或组合采用独立接闪杆、架空接闪线、架空接闪网，或直接架设在建筑物上的接闪杆、接闪带或接闪网。规定一类防雷建筑物滚球半径取30m，接闪网格不应大于5m×5m或6m×4m。二类防雷建筑物的滚球半径取45m，接闪网格尺寸不应大于10m×10m或12m×8m。三类防雷建筑物的滚球半径取60m，接闪网格尺寸不应大于20m×20m或24m×16m。

其三，暗敷导线控制。本条第3款规定，位于建筑物顶部的接闪导线（避雷网、避雷带）可按工程设计文件暗敷在混凝土女儿墙或混凝土屋面内。但有几个方面规定：(1) 必须在设计文件中明确可敷设在混凝土女儿墙或混凝土屋面内，方可暗敷。(2) 用作接闪器的钢筋施工要符合现行国家标准《混凝土结构工程施工质量验收规范》GB 50204的规定。第5.1.2条中规定：在浇筑混凝土之前，应进行钢筋隐蔽工程验收，其内容包括：(1) 纵向受力钢筋的品种、规格、数量、位置等；(2) 钢筋的连接方式、接头位置、接头数量、接头面积百分率等；(3) 箍筋、横向钢筋的品种、规格、数量、间距等；(4) 预埋件的规格、数量、位置等。

其四，原材料主控项目钢筋进场时，应按现行国家标准《钢筋混凝土用热轧带肋钢筋》GB 1499.2 等的规定抽取试件做力学性能检验，其质量必须符合有关规定。检查数量：按进场的批次和产品的抽样检验方案确定。检验方法：检查产品合格证、出厂检验报告和进场复验报告。对有抗震设防要求的框架结构，其纵向受力钢筋的强度应满足设计要求；当设计无具体要求时，对一、二级抗震等级，检验所得的强度实测值应符合下列规定：

钢筋的抗拉强度实测值与屈服强度实测值的比值不应小于1.25；钢筋的屈服强度实测值与强度标准值的比值不应大于1.3；检查数量：按进场的批次和产品的抽样检验方案确定。检验方法：检查进场复验报告。当发现钢筋脆断、焊接性能不良或力学性能显著不正常等现象时，应对该批钢筋进行化学成分检验或其他专项检验。检验方法：检查化学成分等专项检验报告。

一般项目要求：钢筋应平直、无损伤，表面不得有裂纹、油污、颗粒状或片状老锈。检查数量：进场时和使用前全数检查。检查方法：观察。

钢筋加工规定主控项目，受力钢筋的弯钩和弯折应符合下列规定：

HPB235级钢筋末端应做180°弯钩，其弯钩内直径不应小于钢筋直径的2.5倍，弯钩的弯后平直部分长度不应小于钢筋直径的3倍；当设计要求钢筋末端需做135°弯钩时，HRB335级、HRB400级钢筋的弯弧内直径不应小于钢筋直径的4倍，弯钩的弯后平直部分应符合设计要求；钢筋作不大于90°的弯折时，弯折处的弯弧内直径不应小于钢筋直径的5倍。检查数量：按每工作班同一类型钢筋、同一加工设备抽查不应少于3件。检验方法：钢尺检查。

除焊接封闭环式箍筋外，箍筋的末端应做弯钩，弯钩形式应符合设计要求；当设计无具体要求时，应符合下列规定：箍筋弯钩的弯弧内直径除应满足本规定第5.3.1条的规定外，尚应不小于受力钢筋直径；箍筋弯钩的弯折角度：对一般结构，不应小于90°；对有抗震等要求的结构，应为135°；箍筋的弯后平直部分长度：对一般结构，不宜小于箍筋直径的5倍；对有抗震等要求的结构，不应小于3倍。检验方法：钢尺检查。

钢筋调直宜采用机械方法，也可采用冷拉方法。当采用冷拉方法调直钢筋时，HPB235级钢筋的冷拉率不宜大于4%，HRB335级、HRB400级钢筋的冷拉率不宜大于1%。检查数量：按每工作班同一类型钢筋、同一加工设备抽查不应少于3件。检验方法：观察，钢尺检查。

钢筋加工的形状、尺寸应符合设计要求，其偏差应符合《钢筋混凝土用热轧带肋钢筋》GB 1499.2中表5.3.4的规定，见表6-1。检验方法：钢尺检查。

表6-1 钢筋加工的允许偏差

项 目	允许偏差（mm）
受力钢筋顺长度方向全长的净尺寸	±10
弯起钢筋的弯折位置	±25
箍筋内净尺寸	±5

注：本表源自《钢筋混凝土用热轧带肋钢筋》GB 1499.2的表5.3.4。

专用接闪杆承力控制，本条第4款对专用接闪杆作了基本规定，一般地区应能承受$0.7kN/m^2$基本风压。发生台风应能承受$4kN/m^2$风压。

其五，接闪器附着电气控制。接闪器上应无附着其他电气线路或通信线、信号线。设计文件中如有其他电气线和通信线敷设在通风塔上，应符合本规范 5.1.1 中的第 5 款的要求。

6.1.2 一般项目应符合下列规定：

1 当利用建筑物金属屋面、旗杆、铁塔等金属物做接闪器时，建筑物金属屋面、旗杆、铁塔等金属物的材料、规格应符合本规范附录 B 的有关规定。

2 专用接闪杆位置应正确，焊接固定的焊缝应饱满无遗漏，焊接部分防腐应完整。接闪导线应位置正确、平正顺直、无急弯。焊接的焊缝应饱满无遗漏，螺栓固定的应有防松零件。

3 接闪导线焊接时的搭接长度及焊接方法应符合本规范第 4.1.2 条第 4 款的规定。

4 固定接闪导线的固定支架应固定可靠，每个固定支架应能承受 49N 的垂直拉力。固定支架应均匀，并应符合本规范表 5.1.2 的要求。

5 接闪器在建筑物伸缩缝处的跨接及坡屋面上施工可按本规范附录 D 中图 D.0.3-1～图 D.0.3-3 执行。

【6.1.2 解析】本条针对建筑物防雷工程施工中的接闪器安装分项工程中除主控项目以外的一般性需要控制的项目。共有 5 项需要控制的项目。

其一，自然接闪器材料控制。本条第 1 款规定当利用建筑物金属屋面、旗杆、铁塔等金属做接闪器时，其材料规格应符合本规范附录 B 中的要求。建筑物的金属屋面，旗杆、铁塔称为建筑物自然接闪器。这里称的自然接闪器，特指不是专用专设的接闪器。

其二，专用接闪杆施工控制。专用接闪杆位置应正确，并应符合设计要求。焊接应焊缝饱满，饱满度 96% 以上，螺栓固定应有防松垫圈，确保稳合固定。

其三，接闪导线长度方法控制。本条第 3 款规定，接闪导线焊接长度及方法应符合本规范 4.1.2 中第 4 款的要求，也就是导体为钢材时，焊接长度及焊接方法应符合表 4.1.2 的要求。导体为钢材与铜材或钢材与钢材连接工艺应采用放热焊接，其熔接头被连接导体必须在接头里，金属部位完全熔化，连接牢固，表面应平滑无气孔等。

其四，固定支架承力分布控制。本条第 4 款提出固定接闪导线的固定支架应稳固可靠，具有一定的承载力，支架分布要均匀，规范中规定应能承受 49N（5kgf）垂直拉力，固定支架应均匀，按本规范 5.1.2 规定的间距要求，高度不小于 150mm。

其五，建筑物伸缩跨越处接闪器安装控制。建筑物伸缩处是指建筑物工程根据建筑材料热胀冷缩原理，在施工中所留的伸缩处空隙。跨越处是指接闪器必须安装在建筑物伸缩缝两侧，跨越伸缩缝，称为跨越处。坡屋面，即坡形屋面，也就是在建筑物伸缩跨越处及坡屋面安装接闪器。按照本规范附录 D0.3-1~D0.3-3 图示进行施工。

关于接闪杆的接闪端头在《建筑物防雷设计规范》GB 50057 中第 5.2.3 条建议宜做成半球状，弯曲半径为 4.8~12.7mm 之间，该数值是按照国际标准确定的。在本标准中未做明确要求。

6.2 接闪器安装工序

6.2.1 暗敷在建筑物混凝土中的接闪导线，在主筋绑扎或认定主筋进行焊接，并做好标志后，应按设计要求施工，并应经检查确认隐蔽工程验收记录后再支模或浇捣混凝土；

【6.2.1 解析】本条是针对建筑物防雷工程中暗敷在建筑

物混凝土中的接闪导线安装程序提出的规定要求。对此，我们首先要了解为何要进行接闪导线的暗敷。由于明装接闪带、网不甚美观，在施工方面也会带来困难，同时还会增加额外的工程投资。混凝土结构工程中，暗装的防雷网一般为笼式结构，是将金属网格引下线和接地体组合成一个立体金属笼网，将整个建筑物罩住。这种笼式网可以全方位接闪，保护其建筑物。其既可以防止建筑物顶部遭受雷击，又可以防止侧面遭受雷击。另外，笼式网还可以看作是一个拉法第笼，它同时具有屏蔽和均衡暂态对地悬浮电压两种功能。笼式网的这些防护效果与笼体的大小及其网格尺寸有关，笼体越小且其网格尺寸越小，防雷效果就越好。有些建筑物的防水和保温层较厚，钢筋距屋面厚度大于20cm时，需要另敷设补助防雷网。另处，在建筑物顶部常有一些金属突出物必须与防雷网连接，以形成统一的接闪系统。

在完成上述施工程序后，按本条规定经检查确认，并做好隐蔽工程记录，方可支模浇筑混凝土。实际上本条规范规定了暗敷设接闪导线（网、带）安装工序，即：把握施工设计→进行各层面电气连接→做好标记→检查验收→支模浇捣混凝土，完成暗敷设建筑物接闪导线安装工程。

6.2.2 明敷在建筑物上的接闪器应在接地装置和引下线施工完成后再安装，并应与引下线电气连接。

【6.2.2解析】本条对明敷在建筑物上的接闪器施工程序作了规定。在建筑物上明敷或安装接闪器必须在接地装置和引下线施工完成后，在验收合格、做好记录的基础上，再进行明敷。

7 等电位连接分项工程

7.1 等电位连接安装

7.1.1 主控项目应符合下列规定：

1 除应符合本规范第 6.1.1 条第 1 款的规定，尚应按现行国家标准《建筑物防雷设计规范》GB 50057 中有关对各类防雷建筑物的规定，对进出建筑物的金属管线做等电位连接。

2 在建筑物入户处应做总等电位连接。建筑物等电位连接干线与接地装置应有不少于 2 处的直接连接。

3 第一类防雷建筑物和具有 1 区、2 区、21 区及 22 区爆炸危险场所的第二类防雷建筑物内、外的金属管道、构架和电缆金属外皮等长金属物的跨接，应符合现行国家标准《建筑物防雷设计规范》GB 50057 的有关规定。

【7.1.1 解析】本条是针对建筑物防雷工程中的等电位连接安装工程提出的主控项目规定，共有 3 个方面。

其一，等电位大尺寸金属物控制。本条第 1 款提出除应按本规范 6.1.1 中第 1 款要求将建筑物外露的大尺寸金属物做等电位连接外，尚应按现行国家标准《建筑物防雷设计规范》GB 50057 对各类防雷建筑物的不同要求，对进出建筑物的金属管线进行等电位连接。也就是说，等电位连接方式必须按本规范 6.1.1 中第 1 款要求，要把建筑物顶部和外墙上的接闪器（接闪杆、接闪导线、均压环等）与建筑物的栏杆、旗杆、吊车梁、管道、设备、太阳能热水器、门窗、幕墙支架等外露的大尺寸金属物进行电气连接。我们所讲的外露大尺寸金属物是指明显的金属物，主要是栏杆、旗杆、吊车架等。本条规范要求必须进行连接。同时要按现行国家标准《建筑物防雷设计规范》GB 50057对各类防雷建筑物的不同要求，对进出建筑物的金属管线进行等电位连接。现行国家标准《建筑物防雷设计规范》GB 50057第6.3.4条规定，穿过各防雷区界面的金属物和建筑物内系统以及在一个防雷区内部的金属物和系统均应在界面处做等电位连接。所谓界面处首先是指金属管线进出建筑物处。

其二，本条第2款的要求，见现行国家标准《建筑电气工程施工质量验收规范》GB 50303中第27.1.1条"建筑物等电位联结干线应从与接地装置由不少于2处直接连接的接地干线或总等电位箱引出"。

其三，本条第3款的要求，源于现行国家标准《建筑物防雷设计规范》GB 50057中以下条款：第4.2.2条、第4.2.3条、第4.2.4条、第11和第12款、第4.3.7条。

7.1.2 一般项目应符合下列规定：

1 等电位连接可采取焊接、螺钉或螺栓连接等。当采用焊接时，应符合本规范第4.1.2条第4款的规定。

2 在建筑物后续防雷区界面处的等电位连接应符合现行国家标准《建筑物防雷设计规范》GB 50057的有关规定。

3 电子系统设备机房的等电位连接应根据电子系统的工作频率分别采用星形结构（S型）或网形结构（M型）。工作频率小于300kHz的模拟线路，可采用星形结构等电位连接网络；频率为兆赫（MHz）级的数字线路，应采用网形结构等电位连接网络。

4 建筑物入户处等电位连接施工和屋面金属管入户等电位连接施工可按本规范附录D中图D.0.2-5、图D.0.3-3和图D.0.4-1～图D.0.4-5执行。

【7.1.2 解析】本条是针对建筑物防雷工程等电位连接工程中的主控项目四个方面的要求。

其一，等电位连接方法控制。本条第 1 款规定，等电位连接方法可以采用焊接、螺钉或螺栓连接方式。但采用焊接时应符合本标准 4.1.2 条中第 4 款要求，也就是采用放热焊接（热剂焊）。如采用通焊法应在焊接处做防腐处理。扁钢与扁钢焊接，焊接宽度为扁钢的 2 倍，棱边焊接不少于 3 个。圆钢与圆钢焊接，焊接长度为圆钢直径的 6 倍，双面施焊。圆钢与扁钢焊接，焊接长度为圆钢直径的 6 倍，双面施焊。扁钢与钢管或角钢焊接，应在角钢外侧两面或紧贴 3/4 钢管表面上下两侧施焊，并应焊以由扁钢弯成的弧形（或直角形）卡子或直接由扁钢本身弯成弧形或直角形与钢管或角钢焊接。导体为铜材与钢材或铜材与铜材连接工艺时，应采用热焊接，被连接的导体必须完全包在接头里，表面光滑无贯穿性气孔规定要求。

其二，后续防雷区界面等电位连接控制。本条第 2 款规定，在建筑物后续防雷区界面处的等电位连接，应符合现行国家标准《建筑物防雷设计规范》GB 50057 中的要求。《建筑物防雷设计规范》GB 50057 第 6.3.4 条第 1 款中规定了各种连接导体的截面要求，这是基于该规范附录 F 中的附表的雷电参量的规定，如表 7-1～表 7-3 所示。

当无法估算时，可按以下方法确定：全部雷电流 i 的 50% 流入建筑物防雷装置的接地装置。其另外 50%，即 i_s 分配于引入建筑物的各种外来导电物、电力线、通信线等设施。流入每一设施的电流 $i_i = i_s/n$，n 为上述设施的个数。流经无屏蔽电缆芯线的电流 i_v 等于电流 i_i 除以芯线数 m，即 $i_v = i_i/m$；对有屏蔽的电缆，绝大部分的电流将沿屏蔽层流走，尚应考虑沿各种设施引入建筑物的雷电流，应采用以上两值的较大者。

首次雷击的雷电流参量　　　　　表7-1

雷电流参数	防雷建筑物类别		
	一类	二类	三类
I 幅值（kA）	200	150	100
T_1 波头时间（μs）	10	10	10
T_2 半值时间（μs）	350	350	350
Q_s 电荷量（C）	100	75	50
W/R 单位能量（MJ/Q）	10	5.6	2.5

注：1. 因为全部电荷量 Q_s 的本质部分包括在首次雷击中，故所规定的值考虑合并了所有短时间雷击的电荷量。
2. 由于单位能量 W/R 的本质部分包括在首次雷击中，故所规定的值考虑合并了所有短时间雷击的单位能量。

首次以后雷击的雷电流参量　　　表7-2

雷电流参数	防雷建筑物类别		
	一类	二类	三类
I 幅值（kA）	50	37.5	25
T_1 波头时间（μs）	0.25	0.25	0.25
T_2 半值时间（μs）	100	100	100
I/T_1 平均陡度（kA/μs）	200	150	100

长时间雷击的雷电流参量　　　　表7-3

雷电流参数	防雷建筑物类别		
	一类	二类	三类
Q_l 电荷量（C）	200	150	100
T 时间（s）	0.5	0.5	0.5

注：平均电流 $I \approx Q_l/T$。

后续防雷区界面处的等电位连接做法可按《等电位联结安装》02D501-2 的图示做各种 LPZ 界面处的等电位连接。需注意的是：在建筑物入口处凡是做了阴极保护的可燃气（液）体管道，需摘一段绝缘段或绝缘法兰盘后，管道才允许与建筑物进行等电位连接，在绝缘段（或法兰盘）两端应跨接防爆型放电间隙。

其三，电子设备机房等电位连接控制。本条第 3 款规定，对工作频率小于 300kHz 的模拟线路采用 S 型等电位连接网络。对频率为 MHz 级的数字线路，应采用 M 型等电位连接网络。S 型与 M 型的具体做法按《建筑物防雷设计规范》GB 50057 的要求。

当采用 S 型等电位连接网络时，电子系统的所有金属组件，除等电位连接点外，应与共用接地系统的各组件有大于 10kV、1.2/50μs 绝缘。

通常，S 型等电位连接网络可用于相对较小、限定于局部的系统，而且所有设施管线和电缆宜从 ERP 处附近进入该系统。

S 型等电位连接网络应仅通过唯一的一点，即接地基准点 ERP 组合到共用接地系统中以形成 S_s 型等电位连接。在这种情况下，设备之间的所有线路和电缆当无屏蔽时宜按星形结构与各等电位连接线平行敷设，以免产生感应环路。用于限制从线路传导来的过电压的电涌保护器，其引线的连接点应使加到被保护设备上的电涌电压最小，见图 7-1。

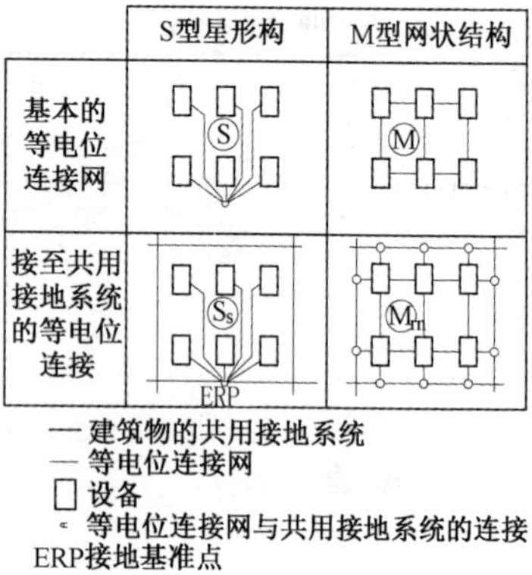

当采用 M 型等电位连接网络时，同一系统的各金属组件不应与共用接地系统各

	S型星形构	M型网状结构
基本的等电位连接网	□ □ □ S □ □ □	□—□—□ | | | □—M—□ | | | □—□—□
接至共用接地系统的等电位连接	□ □ □ S_s □ □ □ ERP	□—□—□ | | | □—M_m—□ | | | □—□—□

— 建筑物的共用接地系统
— 等电位连接网
□ 设备
— 等电位连接网与共用接地系统的连接
ERP 接地基准点

图 7-1　等电位连接网络示意图

组件绝缘。M型等电位连接网络应通过多点连接组合到共用接地系统中，并形成Mm型等电位连接。

通常，M型等电位连接网络宜用于延伸较大的开环系统，而且在设备之间敷设许多线路和电缆，以及设施和电缆从若干处进入该电子系统。

在复杂系统中，M型和S型等电位连接网络这两种类型的优点可组合在一起。一个S型局部等电位连接网络可与一个M型网状结构组合在一起。一个M型局部等电位连接网络可仅经一接地基准点ERP与共用接地系统连接，该网络的所有金属组件和设备应与共用接地系统各组件有大于10kV、1.2/50μs的绝缘，而且所有设施和电缆应从接地基准点附近进入该信息系统，低频率和杂散分布电容起次要影响的系统可采用这种方法。

需要说明是：当ITE机房面积较大而ITE设备占用面积并不是很大时，M型网络可仅敷设在ITE设备的地板上。具体做法按本规范附录D中的图D0.4.4-1和图D0.4.4-12方法操作。

其四，等电位户外连接控制。本条第4款规定建筑物入户处等电位连接施工和屋面金属管入户等电位连接施工按本规范附录D执行。

7.2 等电位连接安装工序

7.2.1 在建筑物入户处的总等电位连接，应对入户金属管线和总等电位连接板的位置检查确认后再设置与接地装置连接的总等电位连接板，并应按设计要求做等电位连接。

【7.2.1解析】本条规定是针对在建筑物入户处（$LPZ0_A$或$LPZ0_B$与$LPZ1$区交界处）的总等电位连接的安装工序规定。总等电位连接在《低压配电设计规范》GB 50054中规范

是指某一建筑物的电气设备、金属体接至入户处的接地体导线或不同区域建筑物的电气、金属体连接在同一接地体导线上，称为总等电位连接。在进行总电位连接时，首先要对入户金属管线和总等电位连接板的位置进行检查确认，选择最小路径再设置（如焊接）与接地装置的总等电位连接板，然后按设计要求做等电位连接。

7.2.2 在后续防雷区交界处，应对供连接用的等电位连接板和需要连接的金属物体的位置检查确认记录后再设置与建筑物主筋连接的等电位连接板，并应按设计要求做等电位连接。

【7.2.2解析】在LPZ1和LPZ2区交界处，在本区内的各物体不可能遭到直接雷击，流经各导体的电流比$LPZ0_B$区更小。本区内的电磁场强度的衰减取决于屏蔽措施。该防雷区称为LPZ1区。在LPZ1区基础上，需进一步减少流入的电流和电磁场强度时，应增设后续防雷区，并按需要保护的对象所要求的环境选择后续防雷区的要求条件。此区为$LPZn+1$后续防雷区。本条提出在LPZ1和LPZ2交界处的等电位连接要求。规定对供连接用的等电位连接板和需要连接的金属物体的位置要进行检查确认记录，测试等电位连接板的电阻值，检查连接质量效果等。并要求查验需要连接的金属位置是否科学合理，是否符合设计要求，经测试检查符合规范要求并做好记录的基础上，设置（如焊接或螺栓连接）与建筑物主筋连接的等电位连接板，并按设计要求做等电位连接。

7.2.3 在确认网形结构等电位连接网与建筑物内钢筋或钢构件连接点的位置、信息技术设备的位置后，应按设计要求施工。网形结构等电位连接网的周边宜每隔5m与建筑物内的钢筋或钢结构连接一次。电子系统模拟线路工作频率小于300kHz时，可在选择与接地系统最接近的位置设置接地基准点后，再按星形结构等电位连接网设计要求施工。

【7.2.3 解析】根据《建筑物防雷设计规范》GB 50057 中第 6.3.4 条的规定，电子系统的各种箱体、壳体、机架等金属组件与建筑物共用接地系统的等电位连接应采用 S 型结构或 M 型结构。确定使用 M 型等电位连接网与建筑物内钢筋或钢构件连接点位置（相隔不宜大于 5m）、信息技术设备（ITE）的位置后，按设计要求施工。如电子系统模拟线路工作频率小于 300kHz，可在选择与接地系统最近的位置设置接地基准点（ERP）后，按设计要求施工。

8 屏蔽分项工程

8.1 屏蔽装置安装

8.1.1 主控项目应符合下列规定：

1 当工程设计文件要求为了防止雷击电磁脉冲对室内电子设备产生损害或干扰而需采取屏蔽措施时，屏蔽工程施工应符合工程设计文件和现行国家标准《电子信息系统机房施工及验收规范》GB 50462 的有关规定。

2 当工程设计文件有防雷专用屏蔽室时，屏蔽壳体、屏蔽门、各类滤波器、截止通风导窗、屏蔽玻璃窗、屏蔽暗箱的安装，应符合工程设计文件的要求。屏蔽室的等电位连接应符合本规范第7.1.2条第3款的规定。

【8.1.1 解析】本条是针对建筑物防雷工程中屏蔽工程中主控项目作出的2款规定。

本条第1款规定当工程设计文件要求为防雷及电磁脉冲（LEMP）对室内电子设备产生损害或干扰，而采取屏蔽措施时，屏蔽工程施工要符合两个方面规定要求：其一，要符合设计文件规定要求；其二要符合现行国家标准《电子信息系统机房施工及验收规范》GB 50462 中第12章的要求。按照防雷基本原理，雷击时，产生电磁脉冲（LEMP），而电磁脉冲将对室内电子设备（电视机、电脑等）产生损害或干扰。所以，要采取屏蔽措施。某些项目工程，特别是电子计算机机房等建筑物，在工程项目设计文件中，明确规定了采取屏蔽措施，并提出屏蔽的具体方法和要求，所以本款规定，必须按照设计文件规定进行施工。《电子信息系统机房施工及验收规范》GB 50462 中第 12 章规定了七个方面的要求，具体要求为下：

（1）一般性要求。电子计算机机房电磁屏蔽工程的施工及验收应包括屏蔽壳体、屏蔽门、各类滤波器、截止通风波导窗、屏蔽玻璃窗、信号接口板、室内电气、室内装饰等工程的施工和屏蔽效能的检测。安装电磁屏蔽室的建筑墙地面应坚硬、平整，并应保持干燥。屏蔽壳体安装前，围护结构内的预埋件、管道施工及预留空洞应完成。施工中所有焊接应牢固、可靠；焊缝应光滑、致密，不得有熔渣、裂纹、气泡、气孔和虚焊。焊接后应对全部焊缝进行除锈防腐处理。安装电磁屏蔽室时不宜与其他专业交叉施工。

（2）壳体安装要求。壳体安装应包括可拆卸式电磁屏蔽室、自撑式电磁屏蔽室和直贴式电磁屏蔽室壳体的安装。可拆卸式电磁屏蔽室壳体的安装应符合下列规定：①应按设计核对壁板的规格、尺寸和数量；②在建筑地面上应铺设防潮、绝缘层；③对壁板的连接面应进行导电清洁处理；④壁板拼装应按设计或产品技术文件的顺序进行；⑤安装中应保证导电衬垫接触良好，接缝应密闭可靠。自撑式电磁屏蔽室壳体的安装应符合下列规定：焊接前应对焊接点清洁处理；应按设计位置进行地梁、侧梁顶梁的拼装焊接，并应随时校核尺寸；焊接宜为电焊，梁体不得有明显的变形，平面度不应大于 $3/1000^2$；壁板之间的连接应为连续焊接；在安装电磁屏蔽室装饰结构件时应进行点焊，不得将板体焊穿。直贴式电磁屏蔽室壳体的安装应符合下列规定：应在建筑墙面和顶面上安装龙骨，安装应牢固、可靠；应按设计将壁板固定在龙骨上；壁板在安装前应先对其焊接边进行导电清洁处理；壁板的焊缝应为连续焊接。

（3）屏蔽门安装要求。铰链屏蔽门安装应符合下列规定：

在焊接或拼装门框时，不得使门框变形，门框平面度不应大于 $2/1000^2$；门框安装后应进行操作机构的调试和试运行，并应在无误后进行门扇安装；安装门扇时，门扇上的刀口号门框上的簧片接触应均匀一致。平移屏蔽门的安装应符合下列规定：焊接后的变形量及间距应符合设计要求。门扇、门框平面度不应大于 $1.5/1000^2$，门扇对中位移不应大于 $1.5mm$。在安装气密屏蔽门扇时，应保证内外气囊压力均匀一致，充气压力不应小于 $0.15MPa$，气管连接处不应漏气。

（4）滤波器、截止波导通风窗及屏蔽玻璃的安装要求。滤波器安装应符合下列规定：在安装滤波器时，应将壁板和滤波器接触面的油漆清除干净，滤波器接触面的导电性应保持良好；应按设计要求在滤波器接触面放置导电衬垫，并应用螺栓固定、压紧，接触面应严密滤波器应按设计位置安装；不同型号、不同参数的滤波器不得混用；滤波器的支架安装应牢固可靠，并应与壁板有良好的电气连接。截止波导通风窗安装应符合下列规定：波导芯、波导围框表面油脂污垢应清除，并应用锡钎焊将波导芯、波导围框焊成一体；焊接应可靠、无松动，不得使波导芯焊缝开裂；截止波导通风窗与壁板的连接应牢固、可靠、导电密封；采用焊接时，截止波导通风窗焊缝不得开裂；严禁在截止波导通风窗上打孔；风管连接宜采用非金属软连接，连接孔应在围框的上端。屏蔽玻璃安装应符合下列规定：屏蔽玻璃四周外延的金属网平整无破损；屏蔽玻璃四周的金属网和屏蔽玻璃框连接处应进行去锈除污处理，并应采用压接方式将二者连接成一体。连接应可靠、无松动，导电密封应良好；安装屏蔽玻璃时用力应适度，屏蔽玻璃与壳体的连接处不得破碎。

（5）屏蔽效能自检要求。电磁屏蔽室安装完成后用电磁屏蔽检漏仪对所有接缝、屏蔽门、截止波导通风窗、滤波器等屏蔽接口件进行连续检漏，不得漏检，不合格处应修补。电磁屏蔽室的全频段检测应符合下列规定：电磁屏蔽室的全频段检测应在屏蔽壳体完成后，室内装饰前进行；在自检中应分别对屏蔽门、壳体接缝、波导窗、滤波器等所有接口点进行屏蔽效能检测，检测指标均应满足设计要求。

（6）其他施工要求。电磁屏蔽室内的供配电、空气调节、给水排水、综合布线、监控及安全防范系统、消防系统、室内装饰装修等专业施工应在屏蔽壳体检测合格后进行，施工时严禁破坏屏蔽层。所有出处屏蔽室的信号线缆必须进行屏蔽滤波处理。所有出入屏蔽室的气管和液管必须通过屏蔽波导。屏蔽壳体应按设计进行良好接地，接地电阻应符合设计要求。

（7）施工验收要求，验收应由建设单位组织监理单位、设计单位、测试单位、施工单位共同进行。验收应按《电子信息系统机房施工及验收规范》GB 50462 的附录 G 的内容进行，并应按附录 G 填写《电磁屏蔽室工程验收表》。电磁屏蔽室屏蔽效能的检测应由国家认可的机构进行；检测的方法和技术指标应符合现行国家标准《电磁屏蔽室屏蔽效能测量方法》GB/T 12190 的有关规定或国家相关部门规定的检测标准。检测后应按附录 F 填写《电磁屏蔽室屏蔽效能测试记录表》。电磁屏蔽室内的其他各专业施工的验收均应按本规范中有关施工验收的规定进行。施工交接验收时，施工单位提供的文件除应符合本规范第 3.3.3 条的规定外，还应按 GB 50462 附录 F 和附录 G 提交《电磁屏蔽室屏蔽效能测试记录表》和《电磁屏蔽室工程验收表》。

本条第 2 款是针对防雷专用屏蔽工程施工项目作出的规定。防雷屏蔽工程区别于《电子信息系统机房施工及验收规范》GB 50462 中的"12 电磁屏蔽"的内容是：电磁屏蔽仅对屏蔽壳体、屏蔽门、各类滤波器、截止通风波导窗、屏蔽玻璃窗、信号接口板的专用屏蔽体作了要求。而防雷工程首先利用了钢筋混凝土结构建筑物内的钢筋进行格栅形大空间屏蔽，并规定当雷电直接击中LPZ0区的格栅形大空间屏蔽或与其连接的接闪器时，通过格栅形大空间屏蔽对雷击磁场的衰减后的磁场强度为H_1，并将H_1与电子系统ITE设备额定耐受磁场强度值（对首次雷击而言，该值分为1000A/m、300A/m和100A/m三个等级）相比较，只有在H_1大于ITE额定耐受磁场强度值时，才考虑进一步的屏蔽措施。

8.1.2 一般项目应符合下列规定：

1 设有电磁屏蔽室的机房，建筑结构应满足屏蔽结构对荷载的要求。

2 电磁屏蔽室与建筑物内墙之间宜预留维修通道。

【8.1.2 解析】本条是针对建筑物防雷施工屏蔽分项工程除主控项目外，仍须控制的两个方面，建筑结构屏蔽、维修通道控制。

本条第1款是针对设有电磁屏蔽的机房，建筑结构应满足屏蔽结构对荷载的要求所作的规定。建筑结构荷载量应满足屏蔽结构荷载量的要求。

本条第2款是针对电磁屏蔽室与建筑物内墙之间的布置问题，本款要求预留维修通道。对如何预留、预留宽度是多少，没有作具体规定，以便于维修人员通过为宜。

8.2 屏蔽装置安装工序

8.2.1 建筑物格栅形大空间屏蔽工程安装工序应符合下列规定：

1 应按工程设计文件要求选用金属导体在建筑物六面体上敷设，对金属导体本身或其与建筑物内的钢筋构成的网格尺寸，应经检查确认后再进行电气连接。

2 支模或进行内装修时，应使屏蔽网格埋在混凝土或装修材料之中。

【8.2.1解析】本条是针对建筑物防雷工程中，建筑物格栅形大空间屏蔽工程安装工序作出的基本规定，所谓建筑物格栅形大空间屏蔽工程，根据现行国家标准《建筑物防雷设计规范》GB 50057第6.3.2条规定，当建筑物或房间的大空间屏蔽是由诸如金属支撑物、金属框架或钢筋混凝土的钢筋等自然构件组成时，这些构件构成一个格栅形大空间屏蔽。对穿入这类屏蔽的导电金属物应就近与其做等电位连接的过程为建筑物格栅大空间屏蔽工程安装。根据本条规定，其安装工序为：金属导体敷设→支模式进行内装修。本条第1款规定金属导体敷设程序为：把握设计文件→选用金属导体→建筑物六面体上敷设金属导体→对金属导体本身或与建筑物内的钢筋构成的网格尺寸进行检查确认→电气连接。本条第1款就规定建筑物格栅形大空间屏蔽工程安装中的电气连接条件包括四方面要素：其一，符合设计要求；其二，选择合格的金属导体；其三，科学敷设；其四，对金属导体或与建筑物内的钢筋构成的网格尺寸进行检查确认。本条第2款规定支模或进行内装修，使屏蔽网格埋在其中。这里讲的支模或进行内装修是指在电气连接基础上，并做好金属导体或其与建筑物内的钢筋构成的网格尺寸固定基础上进行支模或内装修，使屏蔽网格埋在其中。另外，当建筑物位于底层时，地面可不再敷设屏蔽网。同样当工作机房的顶和地板内有符合屏蔽要求的金属网格时，仅需在四壁敷设格栅形大空间屏蔽网格。

8.2.2 专用屏蔽室安装工序应符合下列规定：

1 应将模块式的可拆式屏蔽室在房间内按设计要求安

装，并应预留出等电位连接端子。

2 应将屏蔽室预留等电位连接端子与建筑物内等电位连接带进行电气连接，并应经检查确认后再进行屏蔽室固定和外部装修。

3 应安装屏蔽门、屏蔽窗和滤波器，并应检查屏蔽焊缝的严密和牢固。

【8.2.2解析】本条是针对屏蔽安装施工工程中的专用屏蔽室的安装工序作了明确规定。专用屏蔽室总体安装工序按照本条规定应为：可拆式屏蔽安装→连接端子与等电位连接带进行电气连接→门窗，滤波器安装。

可拆式屏蔽室安装，安装人员首先要熟透设计文件，并按要求放线固点、装配、安装、锚固、完成可拆式屏蔽安装。同时在安装中要注意两个问题：其一，要符合设计要求；其二，要预留等电位连接端子。

连接端子与等电位连接带进行电气连接。根据本条第2款规定，要将屏蔽室预留的等电位连接端子与建筑物内等电位连接带进行电气连接，在连接时首先检查连接端子与建筑物连接带的规格、过渡电阻等情况，并经检查测试合格，按照电气连接要求进行连接。连接后按照本规范中关于电气连接的检查项目进行检查，在合格后做好记录的基础上，进入下道工序。本款规定核心是预留等电位连接端子与建筑物内的等电位连接后，要按照电气连接要求进行测试、检查合格并做好记录基础上，才能进入下道工序。

门、窗滤波器安装，必须在上位工程验收合格基础上方可施工，所谓上位工程，这里主要是指连接端子与等电位连接带进行电气连接，然后按照设计要求配置合格的门、窗及滤波器进行安装，安装后检查焊缝的严密和相对牢固程度。

9 综合布线分项工程

9.1 综合布线安装

9.1.1 主控项目应符合下列规定：

1 低压配电线路（三相或单相）的单芯线缆不应单独穿于金属管内。

2 不同回路、不同电压等级的交流和直流电线不应穿于同一金属管中，同一交流回路的电线应穿于同一金属管中，管内电线不得有接头。

3 爆炸危险场所使用的电线（电缆）的额定耐受电压值不应低于750V，且必须穿在金属管中。

【9.1.1 解析】本条是针对建筑物防雷工程施工综合布线安装工程中作出的主控项目规定的三个方面。本条第1款规定，低压配电线路（三相或单相）的单芯线缆不应独穿于金属管内，也就是说当低压配电线路如使用单芯线，则无论是三相四线或单相二线，不能统一穿于同一金属导管内。按照《建筑电气工程施工质量验收规范》GB 50303 第15章电线、电缆穿管和线槽敷线的15.1主控项目中规定，不得穿于同一金属导管内，且管内电线不得有接头。同一交流回路的电线应穿于同一金属导管内。本条第2款明确规定，不同回路、不同电压等级的交流和直流电线，不应穿于同一金属管内，同一交流回流的电线应穿于同一管中，管内的电线不得有接头。一般如所有的导体的绝缘均能耐受可能出现的最高标称电压，则允许在同一管道或槽盒内敷设多个回路。本款就非

同路压等级缆线问题确定了控制要素。其一，不同回路的缆线不得穿在同一金属管中，且不同回路，是指交流和直流不同的回路。其二，不同电压等级缆线不得穿在同一金属管中。其三，同一交流电回路应穿在同一金属管中。其四，管内电线不得有接头。另外本款还作了补充性规定：假如所有导体绝缘均能耐受可能出现的最高标称电压，则允许在同一管内或槽盒敷设多个回路。本条第3款规定，爆炸危险场所线缆保护。所使用的电线（缆线）额定耐受电压值不应低于750V，且必须穿在金属管中。本款中针对爆炸危险场所电线的贯穿控制作出的规定，从本款中解释为两大要素：其一，耐受电压值为750V；其二，必须穿在金属管中。根据GB 50303第15章15.1.3主控项目中的规定，爆炸危险环境照明线路的电线和电缆的额定电压不得低于750V，且电线必须穿于钢导管内。《爆炸和火灾危险环境电力装置设计规范》GB 50058与《建筑电气工程施工质量验收统一标准》GB 50303的区别是：其第2.5.8条第五款"爆炸性气体环境内，低压电力、照明线路用的绝缘导线和电缆的额定电压，必须不低于工作电压，且不低于500V"。第2.5.10条"在1区内电缆线路严禁有中间接头，在2区内不应有中间接头"。在《建筑物电气装置 第5部分：电气设备的选择和安装 第52章：布线系统》GB 16895.6—2006/IEC 60364-5-52：1993中"52.1.6管道和槽盒系统"中规定"假如所有导体的绝缘均能耐受可能出现的最高标称电压，则允许在同一管道或槽盒内敷设多个回路"。但是并未给出"可能出现的最高标称电压"值。

鉴于以上分析，本规范仍遵从GB 50303的规定。

9.1.2 一般项目应符合下列规定：

1 建筑物内传输网络的综合布线施工应符合现行国家标

准《综合布线系统工程验收规范》GB 50312 的有关规定。

2 当信息技术电缆与供配电电缆同属一个电缆管理系统和同一路由时，其布线应符合下列规定：

1）电缆布线系统的全部外露可导电部分，均应按本规范第 7.1 节的要求进行等电位连接。

2）由分线箱引出的信息技术电缆与供配电电缆平行敷设的长度大于 35m 时，从分线箱起的 20m 内应采取隔离措施，也可保持两线缆之间有大于 30mm 的间距，或在槽盒中加金属板隔开。

3）在条件许可时，宜采用多层走线槽盒，强、弱电线路宜分层布设。

3 低压配电系统的电线色标应符合相线采用黄、绿、红色，中性线用浅蓝色，保护线用绿/黄双色线的要求。

【9.1.2 解析】本条针对建筑物防雷工程综合布线项目除主控项目外一般项目：共 3 条要求。

其一，传输网络布线控制。本条第 1 款规定，建筑物内传输网络的综合布线施工应符合现行国家标准《综合布线系统工程验收规范》GB 50312 的要求。

其二，多功能缆线同路布线控制。本条第 2 款规定，当信息技术电缆与供配电电缆同属一个电缆管理系统和同一路时，其布线要符合三个方面要求。也就是信息技术电缆与供配电缆，同一管理系统，同一路时要符合三个方面要求，即：（1）缆线外露导电部分按本规范 7.1 中的要求进行等电位连接；（2）分线箱引出的信息技术电缆与供配电电缆平行敷设长度大于 35m 时，分线箱的 20m 内应采取隔离措施，或保持两线缆之间有大于 30mm 的间距，或在槽盒内用金属板隔开；（3）宜采用多层走线槽盒，将供配电电缆辅助回路电缆、信息技术电缆和敏感回路电缆分层布设。

其三，低压配电线色选择控制。本条第3款规定，在低压配电系统中的电线色标作了规定，相线采用黄、绿、红三种线色。中性线采用浅蓝色，保护线采用绿黄双色。

9.2 综合布线安装工序

9.2.1 信息技术设备应按设计要求确认安装位置，并应按设备主次逐个安装机柜、机架。

【9.2.1解析】本条是针对综合布线安装工序第一程序作出的规定，规定要求：根据《综合布线系统工程设计规范》GB 50311、《综合布线系统工程验收规范》GB 50312的规定设计确认设备的安装位置，安装机柜、机架。安装前熟悉设计要求，机架设备排列位置和设备朝向都应按设计安装，并符合实际测定后的机房平面布置图要求。安装完工后，其水平度和垂直度都应符合厂家规定，若无规定时，其前后左右垂直度偏差均不应大于3mm，且机架、设备安装牢固可靠，并符合抗震要求。机架和设备应预留1.5m的过道。其背面距墙面应大于0.8m，相邻机架设备应相互靠近，机面排列整齐。配线架的底座与缆线的上线孔必须相对应，以利缆线平直顺畅引入架中。多个直列上下两端的垂直倾斜落差不应大于3mm，底座水平落差不应大于2mm，跳线环等设备装置牢固，其位置横竖、上下、前后均匀平直一致。

9.2.2 各类配线的额定电压值、色标应符合本规范第9.1节和设计文件的要求，并应经检查确认后备用。

【9.2.2解析】本条是针对综合布线安装工序的第二个程序提出的要求。要求确认额定电压值、色标，按额定电压值、色标准备各类配线，并在此基础上进行外观检查和特性测试。外观检查主要是检查缆线外护层有无破损，配线设备和其他接插件均必须符合我国现行标准要求。特性测试是对缆线的

技术性能和各项参数应作测试和汇总，测试缆线的衰减、近端串音衰减、绝缘电阻以及光导传输特性指标等。当各项指标符合标准要求时方可进入下道工序。

9.2.3 敷设各类配线的线槽（盒）、桥架或金属管应符合设计文件的要求，并应经检查确认后，再按设计文件规定的位置和走向安装固定。

【9.2.3解析】本条是针对综合布线第三工序提出的要求，主要是布线走向、布线走向位置，要按本条规定及设计要求确认。要符合保证综合性、兼容性好、灵活性、适应性强、扩建维护方便、技术经济合理的原则，同时要求线槽（盒）电缆桥架或金属管安装符合本规范9.1.1、9.1.2的要求，且经检验合格后方可进入下道工序。

9.2.4 已安装固定的线槽（盒）、桥架或金属管应与建筑物内的等电位连接带进行电气连接，连接处的过渡电阻不应大于0.24Ω。

【9.2.4解析】当综合布线走向位置确定，线槽（盒）电缆桥架或金属管安装到位后，要进行线槽（盒）电缆桥架或金属管的等电位连接位置的确认。等电位连接位置应按照《建筑物防雷设计规范》GB 50057中的相关规定进行确认，将其与建筑物内等电位连接带进行电气连接。

9.2.5 各类配线应按设计文件要求分别布设到线槽（盒）、桥架或金属管内，经检查确认后，再与低压配电系统和信息技术设备相连接。

【9.2.5解析】本条是针对综合布线工序中最后一个程序即布线提出的要求。首先，要在管、槽穿放电缆，进行检验，抽测电缆，并清理管槽（暗槽）、制作穿线端头（钩），穿放引线，穿放电缆，做标记封堵出口等。桥架、线槽网络地板内明布敷设必须进行检验，抽测缆线，清理槽道布线，绑扎

电缆，做标记、封堵出口等。管道、暗槽内穿放电缆，主要进行检验测试光缆，清理管（暗槽）制作穿线端头（钩）穿放引线，出口衬垫做标记，封堵出口等工作。桥架、线槽、网络地板内明布光缆主要进行：检验、测试光缆、清理槽道、布放、绑扎光缆、加垫套、做标记、封堵出口等工作。布放光缆护套主要进行：清理槽道、布放、绑扎光缆护套、加垫套、做标记、封堵出口等工作。

气流法布放光纤束主要进行：检验、测试光纤、检查护套、气吹布放光纤束、做标记、封堵出口等工作。缆线终接和终接部件安装包括：（1）卡接对绞电缆：编扎固定对绞缆线、卡线、做屏蔽、核对线序、安装固定接线模块（跳线盘）、做标记等；（2）安装 8 位模块式信息插座：固定对绞线、核对线序、卡线、做屏蔽、安装固定面板及插座、做标记等；（3）安装光纤信息插座：编扎固定光纤、安装光纤连接器及面板、做标记等；（4）安装光纤连接盘：安装插座及连接盘、做标记等；（5）光纤连接：端面处理、纤芯连接、测试、包封护套、盘绕、固定光纤等；（6）制作光纤连接器：制装接头、磨制、测试等。

10 电涌保护器分项工程

10.1 电涌保护器安装

10.1.1 主控项目应符合下列规定：

1 低压配电系统中SPD的安装布置应符合工程设计文件的要求，并应符合现行国家标准《建筑物电气装置 第5-53部分：电气设备的选择和安装 隔离、开关和控制设备 第534节：过电压保护电器》GB 16895.22、《低压配电系统的电涌保护器（SPD）第12部分：选择和使用导则》GB/T18802.12和《建筑物防雷设计规范》GB 50057的有关规定。

2 电子系统信号网络中的SPD的安装布置应符合工程设计文件的要求，并应符合现行国家标准《低压电涌保护器 第22部分：电信和信号网络的电涌保护器（SPD）选择和使用导则》GB/T 18802.22和《建筑物防雷设计规范》GB 50057的有关规定。

3 当建筑物上有外部防雷装置，或建筑物上虽未敷设外部防雷装置，但与之邻近的建筑物上有外部防雷装置且两建筑物之间有电气联系时，有外部防雷装置的建筑物和有电气联系的建筑物内总配电柜上安装的SPD应符合下列要求：

1）应当使用Ⅰ级分类试验的SPD。

2）低压配电系统的SPD的主要性能参数：冲击电流应不小于12.5kA（10/350μs），电压保护水平不应大于2.5kV，最大持续运行电压应根据低压配电系统的接地形式选取。

4 当SPD内部未设计热脱扣装置时，对失效状态为短路型的 SPD，应在其前端安装熔丝、热熔线圈或断路器进行后备过电流保护。

【10.1.1 解析】电涌保护器（SPD，又称浪涌保护器，过去叫电压保护器，一些不规范的名称有：低压避雷器、防雷保安器等）的选择和安装在现行国家标准、行业标准中规定并不一致。本标准选取等同采用 IEC 标准的 IEC 61643 和《建筑物防雷设计规范》GB 50057。因其属设计范畴，不在此展开。

本条是针对电涌保护器安装工程中的主要控制项目作出的规定。本条第 1 款针对低压配电系统中电涌保护器（SPD）的安装布置规定，规定提出了四个方面要求：第一，要符合工程设计文件。第二，要符合现行国家标准《建筑电气装置 第 5-53 部分：电气设备的选择和安装　隔离、开关和控制设备　第 534 节：过电压保护电器》GB 16895.22。第三，要符合《低压配电系统的电涌保护器（SPD）第 12 部分选择和使用导则》GB/T 18802.12 要求。第四，要符合《建筑物防雷设计规范》GB 50057 中对电涌保护器中的要求。

当电源采用 TN 系统时，从建筑物内总配电盘（箱）开始引出的配电线路和分支线路必须采用 TN-S 系统。要在各防雷区界面处做等电位连接，但由于工艺要求或其他原因，被保护设备的安装位置不会正好设在界面处而是设在其附近，在这种情况下，当线路能承受所发生的电涌电压时，电涌保护器可安装在被保护设备处，而线路的金属保护管或屏蔽层宜首先于界面处做一次等电位连接。

电涌保护器必须能承受预期通过它们的雷电流，并应符合以下两个附加要求：通过电涌时的最大钳压，有能力熄灭在雷电流通过后产生的工频续流。

在建筑物进线处和其他防雷区界面处的最大电涌电压，

即电涌保护器的最大钳压加上其两端引线的感应电压与所属系统的基本绝缘水平和设备允许的最大电涌电压协调一致。为使最大电涌电压足够低，其两端的引线应做到最短。

在不同界面上的各电涌保护器还应与其相应的能量承受能力相一致。

当无法获得设备的耐冲击电压时，220/380V 三相配电系统的设备可按表 10-1 选用。

表 10-1　220/380V 三相系统各种设备绝缘耐冲击过电压额定值

设备位置	电源处的设备	配电线路和最后分支线路的设备	用地设备	特殊需要保护的设备
耐冲击过电压类别	Ⅳ类	Ⅲ类	Ⅱ类	Ⅰ类
耐冲击电压额定值（kV）	6	4	2.5	1.5

注：1. Ⅰ类——需要将瞬态过电压限制到特定水平的设备；
2. Ⅱ类——如家用电器、手提工具和类似负荷；
3. Ⅲ类——如配电盘、断路器，包括电缆、母线、分线盒、开关、插座等的布线系统；以及应用于工业的设备和永久接至固定装置的固定安装的电动机等一些其他设备；
4. Ⅳ类——如电气计量仪表、一次线过流保护设备、波纹控制设备。

选择 220/380V 三相系统中的电涌保护器时，其最大持续运行电压 U_c 应符合下列规定：

（1）按图 10-1，接线的 TT 系统中，U_c 不应小于 $1.55U_0$。

（2）按图 10-2 和图 10-3，接线的 TN 和 TT 系统中，U_c 不应小于 $1.15U_0$。

（3）按图 10-4，接线的 IT 系统中 U_c 不应小于 $1.15U$（U 为线间电压）。

注：U_0 是低压系统相线对中性线的标称电压，在 220/380V 三相系统中，$U_0 = 220V$。

在 LPZ0$_A$ 或 LPZ0$_B$ 区交界处，在从室外引来的线路安装

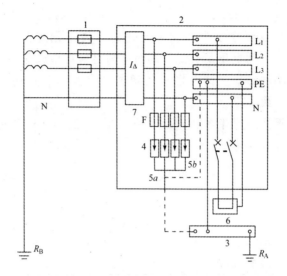

图10-1 TT系统中电涌保护器安装在剩余电流保护器的负荷侧
1—装置的电源；2—配电盘；3—总接地端或总接地连接带；
4—电涌保护器（SPD）；5—电涌保护器的接地连接，5a或5b；
6—需要保护的设备；7—剩余电流保护器，应考虑通雷电流的能力；
F—保护电涌保护器推荐的熔丝、断路器或剩余电流保护器；
R_A—本装置的接地电阻；R_B—供电系统的接地电阻

的SPD，应选用符合Ⅰ级分类试验的产品。

通过SPD的10/350μs雷电流幅值，当线路有屏蔽时，通过每个SPD的雷电流可按上述确定的雷电流的30%考虑。SPD宜靠近屏蔽线路末端安装。以上述得出的雷电流作为I_{peak}来选用SPD。

当按上述要求选用配电线路上的SPD时，其标称放电电流I_n不宜小于15kA。

本条第2款是针对电子系统信号网络中的安装布置作出的规定。规定电子系统信号网络安装布置应符合三个方面的要求。其一，应符合工程设计文件要求，按照设计文件进行

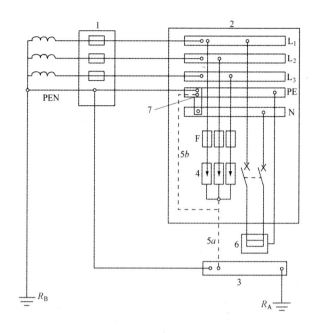

图 10-2 TN 系统中的电涌保护器

1—装置的电源；2—配电盘；3—总接地端或总接地连接带；
4—电涌保护器（SPD）；5—电涌保护器的接地连接，5a 或 5b；
6—需要保护的设备；7—PE 与 N 线的连接带；
F—保护电涌保护器推荐的熔丝、断路器或剩余电流保护器；
R_A—本装置的接地电阻；R_B—供电系统的接地电阻

注：当采用 TN—C—S 或 TN—S 系统时，在 N 与 PE 线连接处电涌保护器用三个，在其以后 N 与 PE 线分开处安装电涌保护器时用四个，即在 N 与 PE 线间增加一个。

施工。其二，应符合国际标准《电流保护器第 22 部分：在电子系统信号网络中选择和使用原则》IEC 61643-22。其三，应符合现行国家标准《建筑物防雷设计规范》GB 50057 中第 4.2.3 条、第 4.2.4 条、第 4.3.8 条、第 6.4 节和附录 J 的规定。

要求安装的 SPD 所得到的电压保护水平加上其两端引线

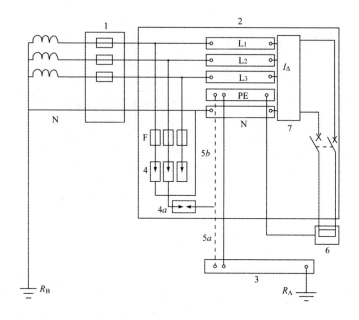

图 10-3 TT 系统中电涌保护器安装在剩余电流保护器的电源侧
1—装置的电源；2—配电盘；3—总接地端或总接地连接带；
4—电涌保护器（SPD）；4a—电涌保护器或放电间隙；
5—电涌保护器的接地连接，5a 或 5b；6—需要保护的设备；
7—剩余电流保护器，可位于母线的上方或下方；
F—保护电涌保护器推荐的熔丝、断路器或剩余电流保护器；
R_A—本装置的接地电阻；R_B—供电系统的接地电阻

注：当电源变压器高压侧碰外壳短路产生的过压加于 4a 设备时不应动作。在高压系统采用低电阻接地和供电变压器外壳、低压系统中性点合用同一接地装置以及切断短路的时间小于或等于 5s 时，该过电压可按 1200V 考虑。

的感应电压以及反射波效应不足以保护距其较远处的被保护设备的情况下，尚应在被保护设备处装设 SPD，其标称放电电流 I_n 不宜小于 3kA（8/20μs）。

当被保护设备沿线路距本章第 6.4.7 条要求安装的 SPD 不大于 10m 时，若该 SPD 的电压保护水平加上其两端引线的

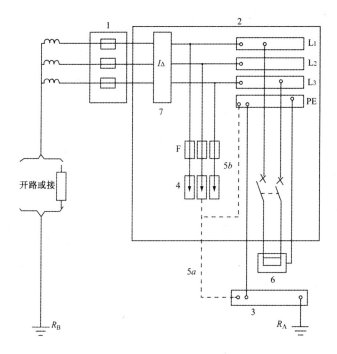

图10-4 IT系统中SPD安装在剩余电流保护器的负荷侧
1—装置的电源；2—配电盘；3—总接地端或接地连接带；
4—电涌保护器（SPD）；5—电涌保护器的接地连接，5a 或 5b；
6—需要保护的设备；7—剩余电流保护器；
F—保护电涌保护器推荐的熔丝、断路器或剩余电流保护器；
R_A—本装置的接地电阻；R_B—供电系统的接地电阻

感应电压小于被保护设备耐压水平的80%，一般情况在被保护设备处可不装SPD。

要求安装的SPD之间设有配电盘时，若第一级SPD的电压保护水平加上其两端引线的感应电压保护不了该配电盘内的设备，应在该盘内安装第二级SPD，其标称放电流不宜小于5kA（8/20μs）。

在一般情况下，当在线路上多处安装SPD且无准确数据时，电压开关型 SPD 与限压型 SPD 之间的线路长度不宜小于 10m，限压型 SPD 之间的线路长度不宜小于 5mm。

本条第 3 款是针对建筑物上有外部防雷装置（接闪器）或建筑物与相邻建筑物防雷装置之间有电气联系时，建筑物内总配电柜上安装 SPD 的要求作出了两个方面的规定。其一是 SPD 的选择规定要求使用 T1 型 SPD。其二，规定了 SPD 的主要参数 $I_{imp} \geqslant 12.5kA$（$10/350\mu s$），U_0 应根据低压配电系统的接地形式（TN、TT、IT）选取。

本条第 4 款是针对 SPD 内部未设计热脱机装置时，对失效状态为短路型的 SPD 作出的规定，本规定要求前端要安装熔丝。同时规定热熔线圈或断路器进行后备过电流保护。

10.1.2 一般项目应符合下列规定：

1 当低压配电系统中安装的第一级 SPD 与被保护设备之间关系无法满足下列条件时，应在靠近被保护设备的分配电盘或设备前端安装第二级 SPD：

1）第一级 SPD 的有效电压保护水平低于设备的耐过电压额定值时。

2）第一级 SPD 与被保护设备之间的线路长度小于 10m 时。

3）在建筑物内部不存在雷击放电或内部干扰源产生的电磁场干扰时。

2 第二级 SPD 无法满足本条第 1 款的条件时，应安装第三级 SPD。

3 无明确的产品安装指南时，开关型 SPD 与限压型 SPD 之间的线路长度不宜小于 10m，限压型 SPD 之间的线路长度不宜小于 5m。当 SPD 之间的线路长度小于 10m 或 5m 时应加装退耦的电感（或电阻）元件。生产厂明确在其产品中已有能量配合的措施时，可不再接退耦元件。

4 在电子信号网络中安装的第一级 SPD 应安装在建筑物入户处的配线架上,当传输电缆直接接至被保护设备的接口时,宜安装在设备接口上。

5 在电子信号网络中安装第二级、第三级 SPD 的方法应符合本条第 1~3 款的规定。

6 SPD 两端连线的材料和最小截面要求应符合本规范附录 B 中表 B.2.2 的规定。连线应短且直,总连线长度不宜大于 0.5m,如有实际困难,可按本规范附录 D 中图 D.0.7-2 所示采用 V 型连接。

7 SPD 在低压配电系统中和电子系统中安装施工可按本规范附录 D 中图 D.0.5-1~图 D.0.5-5、图 D.0.6-1~图 D.0.6-2 和图 D.0.8-1~图 D.0.8-3 执行。

【10.1.2 解析】对电涌保护器的选择有可选用或不可选用 2 种方法。对于不属于第一、二、三类防雷建筑物的电气系统,如果供电线路是埋地引入建筑物时,入户处低压总配电柜上可不选用 SPD。即使供电线路是架空引入建筑物时,如果建筑物所在地的年平均雷暴日数低于 25d,入户处配电柜上也同样可不选用 SPD。只有在线路为架空和建筑物所在地的年平均装置雷暴日数不小于 25d 的情况下,才在预期雷击在低压电气系统上电涌过电流分析的基础上选用 SPD。如预期雷电直击到架空线上(S3 型),第一、二、三类防雷建筑物入户处配电柜上应选用 I 级分类试验的 SPD,其冲击电流值分别应大于 10kA、7.5kA 和 5kA(10/350μs)。如预期雷击在架空线附近(S4 型),第一、二、三类防雷建筑物入户处配电柜上可选用 II 级分类试验的 SPD,其标称放电电流值分别应大于 5kA、3.75kA 和 2.5kA。此值指雷击在靠近建筑物的最后一根电杆上的情况下。对 S1 和 S2 型下的选择应见《建筑物防雷设计规范》GB 50057 中的规定。

关于是否需要在第一级电涌保护器 SPD1 后边加装第二级、第三级乃至第四级 SPD（SPD2～SPD4）。在《建筑物防雷设计规范》GB 50057 和《低压电涌保护器》IEC 61643 中均规定首先要考虑 SPD 的电压保护水平 U_p 与被保护电气设备的耐过电额定值 U_w 的关系，一般要求，U_p 应低于 $0.8U_w$。由于 SPD 两端连线长度会使 U_p 值增大，因此定义了 SPD 的有效电压保护水平 $U_{p/f}$ 这样一个概念。$U_{p/f}$ 对限压型 SPD，$U_{p/f} = U_p + \Delta U$；对开关型 SPD，$U_{p/f}$ 取 U_p 或 ΔU 中较大者。ΔU 是 SPD 两端引线的感应电压，户外线路进入建筑物处可按每米 1kV 计算。只有在不满足本规范 10.1.2 中第 1 款三个条件是才需增加 SPD2，否则一方面增加了防护的成本，另一方面还可能因多级 SPD 的能量配合不妥当而产生"盲区"，反而不能保护设备。实际上本条是针对电涌保护器安装工程除主控项目外，提出的一般性控制项目 6 类不同情况的安装控制规定。

本条第 1 款是针对低压配电系统中安装第一级电涌保护器 SPD1 与被保护设备之间关系作出规定，应满足三个要素条件。其一，SPD1 的有效电压保护水平 $U_{0/f}$ 低于设备的耐过电压额定值 U_0。其二，SPD1 与保护设备之间的线路长度小于 10m。其三，在建筑物内不存在雷击放电或内部干扰源产生电磁场干扰。如 SPD2 不能满足以上三个条件要素，应安装第三级电涌保护器 SPD3 使之满足。

本条第 2 款是针对如何实现多级 SPD 的能量配合作出规定。规定要求在无明确的产品安装指南情况下，开关型 SPD 与限压型 SPD 之间的线路长度不宜小于 10m；限压型 SPD 与限压型 SPD 之间长度不宜小于 5m；如果开关型 SPD 与限压型 SPD 之间的线路长度小于 10m 和限压型 SPD 之间的线路长度小于 5m 时，规定中要求加装退耦电感（或电阻）元件。如果所使用的 SPD 其产品安装指南中，已明确已有能量配合措施，如自动触发组织型SPD，则不需要串联退耦元件。

本条第3款是针对电子信息网络中安装第一级电涌保护器SPD的所作的规定。规定要求在电子信息网络中，第一级电涌保护器应安装在建筑物入户处的配线架上，如传输电缆应直接接至被保护的接口，也就是要安装在设备接口上。

本条第4款是针对电子信号网络中安装SPD2、SPD3……的方法所作的规定。规定则要求按本条第1.2款规定。同时注明本规范中建筑物入户处特指$LPZ0_A$或$LPZ0_B$与LPZ1的界面处。

本条第5款是针对SPD两端连线材料所作的规定。规定了最小截面面积要求，最小截面面积按本规范附录B执行。规定了连接线要尽可能短直，总连线长度不宜大于0.5m。如果有实际困难，连线长度大于0.5m，可按照本规范附录D中的图示，采用凯文接线方式。

本条第6款是针对低压配电线路中和电子系统SPD安装施工提出的要求，要求按本规范附录D图示施工。本规定中本条提出了6款不同情况的控制性规定。

10.2 电涌保护器安装工序

10.2.1 低压配电系统中的SPD安装，应在对配电系统接地型式、SPD安装位置、SPD的后备过电流保护安装位置及SPD两端连线位置检查确认后，首先安装SPD，在确认安装牢固后，将SPD的接地线与等电位连接带连接后再与带电导线进行连接。

【10.2.1解析】本条是针对低压配电系统安装SPD作出的工序规定，本条规定在低压配电系统中SPD安装应按如下顺序：确定配电系统接地形式→SPD安装位置→后备过流保护安装位置→两端连线位置→安装接地体→安装SPD→安装

后备过流保护装置→敷设两端连线→电气连接。各工序过程施工均应按相关规定进行。

10.2.2 电信和信号网络中的 SPD 安装，应在 SPD 安装位置和 SPD 两端连接件及接地线位置检查确认后，首先安装 SPD，在确认安装牢固后，应将 SPD 的接地线与等电位连接带连接后再接入网络。

【10.2.2 解析】电子系统的电信和信号网络线路选择和安装符合《低压电涌保护器（SPD） 第21部分：电信和信号网络的电涌保护器（SPD）——性能要求和试验方法》GB/T 18802.21 的 SPD，除了在配线架上安装外，在传输电缆上的安装从外表看大都是在电缆接头两端的，因而有的 SPD 生产厂家将其生产的这种 SPD 称为"串联型"SPD，这是一种误解。按《低压配电系统的电涌保护器（SPD） 第1部分：性能要求和试验方法》GB 18802.1 和《低压电涌保护器（SPD） 第21部分：电信和信号网络的电涌保护器（SPD）——性能要求和试验方法》GB/T 18802.21 中限压元件的定义，其在正常工作电压下呈高阻状况，只有在其两端出了大于 U_c 的过电压状况时，才能迅速转呈低阻状况。如果 SPD 的限压元件串在受保护线路中，线路无法传导工频（或直流）电流。因此只能说这种安装方式叫"串接连线方式"，而不能称为"串联型 SPD"。

11 工程质量验收

11.1 一般规定

11.1.1 建筑物防雷工程施工质量验收应符合本规范和现行国家标准《建筑工程施工质量验收统一标准》GB 50300 的规定，并应符合施工所依据的工程技术文件的要求。

【11.1.1解析】本条针对建筑物防雷工程施工验收作出了验收依据规定。本条规定建筑物防雷工程验收，依据一，本规范；依据二，现行国家标准《建筑工程施工质量验收统一标准》GB 50300；依据三，其他相关标准规定；依据四，工程技术文件、勘察文件、设计文件等。也就是说，当本规范中有明确要求的以本规范为主，如无明确规定则以《建筑工程施工质量验收统一标准》GB 50300 依次类推。

11.1.2 检验批及分项工程应由监理工程师或建设单位项目技术负责人组织具备资质的防雷技术服务机构和施工单位项目专业质量（技术）负责人进行验收。隐蔽工程在隐蔽前应由施工单位通知监理工程师或建设单位项目技术负责人、防雷技术服务机构项目负责人共同进行验收，并应形成验收文件。检验批及分项工程验收前，施工单位应进行自行检查。

【11.1.2解析】检验批及分项工程的验收，除遵照《建筑工程施工质量验收统一标准》GB 50300 中 6.0.1 规定编定外，按《气象灾害防御条例》等行政法规的规定"对新建、改建、扩建建（构）筑物竣工时，应当同时验收雷电防护装置并有气象主管机构人员参加"，并加入了"具备资质的防雷

技术服务机构"参加验收的内容。

本标准规定了质量验收对象及验收程序。检验批及分项工程验收，应由具备资质的防雷技术服务机构和施工单位项目专业质量或技术负责人进行验收。隐蔽工程验收则由监理工程师或建设单位项目技术负责人、防雷技术服务机构负责人进行。验收程序，首先由施工单位自检，检验批及分项工程由监理工程师或建设单位项目负责人组织相关人员进行验收，并做好验收记录。隐蔽工程则在隐蔽之前由施工单位组织相关人员进行验收，并做好记录。

11.1.3 防雷工程（子分部工程）应由总监理工程师或建设单位项目负责人组织施工单位项目负责人和技术、质量负责人，防雷主管单位项目负责人共同进行工程验收。

【11.1.3解析】本条是针对防雷工程（子分部工程）质量验收组织者和参加验收的对象作了规定。本规定要求防雷工程（子分部工程）应由项目工程总监理工程师或建设单位项目负责人组织。本条规定了参加验收对象为施工单位项目负责人、技术质量负责人、防雷主管单位项目负责人共同进行工程验收。

11.1.4 检验批合格质量应符合下列要求：

1 主控项目和一般项目的质量应经抽样检验合格。

2 应具有完整的施工操作依据、质量检查记录。

3 检验批的质量检验抽样方案应符合现行国家标准《建筑工程施工质量验收统一标准》GB 50300中第3.0.5条的规定。对生产方错判概率，主控项目和一般项目的合格质量水平的错判概率值不宜超过5%；对使用方漏判概率，主控项目的合格质量水平的错判概率值不宜超过5%，一般项目的合格质量水平的漏判概率值不宜超过10%。

4 检验批的质量验收记录表格样式可按本规范附录E

执行。

【11.1.4解析】本条针对检验批合格质量作出评定规定，规定要求主控项目和一般项目抽样检验合格率100%，施工操作依据资料、质量检查记录完整。

11.1.5 分项工程质量验收合格应符合下列规定：

1 分项工程所含的检验批均应符合本规范第11.1.4条的要求。

2 分项工程所含的检验批的质量验收记录应完整。分项工程质量验收表格样式可按本规范附录E执行。

【11.1.5解析】本条是针对建筑物防雷工程分项工程质量验收合格标准作出的规定。本条规定认为分项工程所含的检验批均应符合本规范11.1.4要求，检验合格。除此还应符合所含的检验批的质量验收记录完整，所使用的表格为附录E等三项规定。

11.1.6 防雷工程（子分部工程）质量验收合格应符合下列规定：

1 防雷工程所含的分项工程的质量均应验收合格。

2 质量控制资料应符合本规范第3.2.1和3.2.2条的要求，并应完整齐全。

3 施工现场质量管理检查记录表的填写应完整。

4 工程的观感质量验收应经验收人员通过现场检查，并应共同确认。

5 防雷工程（子分部工程）质量验收记录表格可按本规范附录E执行。

【11.1.6解析】本条是针对建筑物防雷工程（子分部工程）质量验收合格标准作出的规定，本规定界定了建筑物防雷工程（子分部工程）质量验收合格标准四个方面的条件。其一，所含的分项工程质量均应验收合格。其二，质量控制

文件齐全，并符合本规范3.1.2、3.2.1、3.2.2条款要求。其三，施工现场质量管理检查记录资料完整。其四，工程的观感质量经验收人员通过现场检查共同确认合格。其防雷工程（子分部工程）质量验收记录表需使用本规范附录E款式。

11.2 防雷工程中各分项工程的检验批划分和检测要求

11.2.1 接地装置安装工程的检验批划分和验收应符合下列规定：

1 接地装置安装工程应按人工接地装置和利用建筑物基础钢筋的自然接地体各分为1个检验批，大型接地网可按区域划分为几个检验批进行质量验收和记录。

2 主控项目和一般项目应进行下列检测：

1）供测量和等电位连接用的连接板（测量点）的数量和位置是否符合设计要求。

2）测试接地装置的接地电阻值。

3）检查在建筑物外人员可停留或经过的区域需要防跨步电压的措施。

4）检查第一类防雷建筑物接地装置及与其有电气联系的金属管线与独立接闪器接地装置的安全距离。

5）检查整个接地网外露部分接地线的规格、防腐、标识和防机械损伤等措施。测试与同一接地网连接的各相邻设备连接线的电气贯通状况，其间直流过渡电阻不应大于0.2Ω。

【11.2.1解析】本条是针对建筑物防雷工程接地装置安装工程检验批划分和验收内容作出的规定。本条第1款主要是针对接地装置安装工程检验批作出规定。第1款规定接地装置安装工程批划分，一般为两个检验批，人工接地装置和利用建筑物基础钢筋的自然接地体各分为1个检验批。大型接地网可按区域划分几个检验批。

关于大型接网的概念，目前国内标准尚无统一的定义。在《电气装置安装工程 电气设备交接试验标准》GB 50150中术语"2.0.17 大型接地装置：110kV以上电压等级变电所、装机容量在200MW以及以上的火电厂和水电厂或者等效面积在5000m^{2}及以上的接地装置"。在《接地装置工频特性参数的测量导则》DL475—92中未对该概念定义，只是指出"当被测接地装置的最大对角线D较大"时的测量方法。在《接地系统的土壤电阻率、接地阻抗和地面电位测量 第1部分：常规测量》GB/T 17949.1中13.5规定了"大型变电站的测量"，但未对大地网定义；在8.1.1中称小型接地网的面积小于50m^2，未对"大面积接地网"定义。在许颖先生论文"工企内部电网的大型地网工频接地电阻值测量"中将最大对角线长度100m以上的接地网称为"工企内部大型接地网"，将接地面积小于或等于30m×30m的接地网称为"小面积接地网"。解广润先生《电力系统接地技术》中表1-7将接地网所面积在900~10000m^{2}称为"大中型接地网"。

本条第2款主要是对建筑物防雷工程接地装置安装工程所需进行的主控项目和一般性项目所需进行检验的项目内容作出的规定。共规定了5项检测项目内容：（1）检测量和等电位连接用的连接板的检测、检查数量、位置两个要素。（2）对照设计文件是否符合接地装置的接地电阻值。（3）检查在建筑物外人员可能停留或经过的区域其防跨步电压措施的到位情况并判定是否合格，不到位判定不合格（仅需措施之一，如警示标志或围栏等）。（4）检查第一类防雷建筑物接地装置及与其有电气联系的金属管线与独立接闪器接地装置的安全距离，符合安全距离要求判定合格，不符合安全距离判定不合格。（5）检查整个接地网外露部分接地线规格、防腐、标注和防机械损伤等措施，措施到位为合格反之则不合格。另外要测试与同一接地网连接的各相邻接线的电气贯通状况，其间直流过渡电阻不应大于 0.2Ω（检测等电位连接有效性的指标，"其间直流电阻不应大于 0.2Ω"的要求引自《电气装置安装工程　电气设备交接试验标准》GB 50150 中 26.0.2 条）。

11.2.2　引下线安装工程的检验批划分和验收应符合下列规定：

1　引下线安装工程应按专用引下线、自然引下线和利用建筑物柱内钢筋各分 1 个检验批进行质量验收和记录。

2　主控项目和一般项目应进行下列检测：

1）检测引下线的平均间距。当利用建筑物的柱内钢筋作为引下线且无隐蔽工程记录可查时，宜按现行行业标准《混凝土内钢筋检测技术规程》JGJ/T 152 的有关规定进行检测。

2）检查引下线的敷设、固定、防腐、防机械损伤措施。

3）检查明敷引下线防接触电压、闪络电压危害的措施。检查引下线与易燃材料的墙壁或保温层的安全间距。

4）测量引下线两端和引下线连接处的电气连接状况，其间直流过渡电阻值不应大于 0.2Ω。

5）检测在引下线上附着其他电气线路的防雷电波引入措施。

【11.2.2 解析】本条是针对建筑物防雷工程引下线安装工程质量检批的划分和质量检测项目内容所作的规定。本条第 1 款是针对引下线安装工程检验批划分所作的规定：本款规定引下线工程检验批划分按照引下线状态进行划分，即专用引下线、自然引下线，建筑物柱内钢筋引下线各分为 1 个检验批，进行质量验收和记录。

本条第 2 款主要针对引下线安装工程质量检验项目内容

包括主控项目、一般项目所作的规定。本款对引下线安装工程所须检验项目规定了5个方面的项目内容。其一，检测引下线的平均间距，引下线的间距规定按本规范5.1.1第6款、5.1.2第1款执行。这是通常情况，而当利用建筑物柱内钢筋作为引下线是无隐蔽工程记录可查时，应按国家行业标准《混凝土钢筋检测技术规程》JGJ/T 152规定进行检测。其二，检查引下线的敷设、固定、防腐、防机械损伤措施，并按照国家现行标准《建筑地面设计规范》GB 50037第4.2.5条要求和本规范5.1.1条、5.1.2条规定进行检查。其三，检查明敷引下线防接触电压、闪络电压的危害措施。主要是现场有无围栏或警示牌以及其他防护措施。检查引下线与易燃材料的墙皮、保温层的安全距离，根据为本规范5.1.1条第6款规定"引下线与易燃材料的墙壁或墙体保温层间距应大于0.1m。"当难以实行0.1m要求时，引下线截面不应小于100mm^2，按照此要求进行测量，看是否满足要求。其四，主要是测量引下线两端和引下线连接处的电气连接情况，主要通过测量连接度以及直流过渡电阻值，其直接过渡电阻值不应大于0.2Ω。其五，在引下线上附着其他电气线路的防雷电上引入措施检查，依据主要是按照本规范5.1.1条第5款进行检查，检查是否采用直埋土壤中的铠装电缆或穿金属管敷设的导线。电缆的金属护层或金属管有否两端接地，埋入土壤中的长度是否达到10m以上等方面，符合要求为合格，否则为不合格。

11.2.3 接闪器安装工程的检验批划分和验收应符合下列规定：

1 接闪器安装工程应按专用接闪器和自然接闪器各分为1个检验批，一幢建筑物上在多个高度上分别敷设接闪器时，可按安装高度划分为几个检验批进行质量验收和记录。

2 主控项目和一般项目应进行下列检测：

1）检查接闪器与大尺寸金属物体的电气连接情况，其间直流过渡电阻值不应大于 0.2Ω。

2）检查明敷接闪器的布置，接闪导线（避雷网）的网络尺寸是否大于第一类防雷建筑物 $5m\times 5m$ 或 $4m\times 6m$、第二类防雷建筑物 $10m\times 10m$ 或 $8m\times 12m$、第三类防雷建筑物 $20m\times 20m$ 或 $16m\times 24m$ 的要求。

3）检查暗敷接闪器的敷设情况，当无隐蔽工程记录可查时，宜按本规范第 11.2.2 条第 2 款的要求进行检测。

4）检查接闪器的焊接、螺栓固定的应备帽、焊接处防锈状况。

5）检查接闪导线的平正顺直、无急弯和固定支架的状况。

6）检查接闪器上附着其他电气线路或其他导电物是否有防雷电波引入措施和与易燃易爆物品之间的安全间距。

【11.2.3 解析】本条是针对接闪器安装工程检验批的划分和接闪器安装工程中的质量验收项目作出的规定。本条第 1 款是针对接闪器安装工程检验批划分作出的规定。本款规定按照接闪器性质进行划分，专用性接闪器为 1 个检验批，自然性接闪器为 1 个检验批。另外一幢建筑物上在多个高度上分别敷设接闪器时，按照相等高度划分为检验批，进行质量验收和记录。本条第 2 款是针对接闪器安装工程所须检测的项目作出的规定，本款作了 6 项规定。其一，检查接闪器与大尺寸金属物体的电气连接情况。其二，检查明敷接闪器的布置。采取实测方法，测量第一类防雷建筑物的接闪导线网络尺寸是否大于 $5m\times 5m$ 或 $4m\times 6m$。第二类防雷建筑物的接闪导线网络尺寸是否大于 $20m\times 20m$ 或 $16m\times 24m$。接闪杆的设置是否将被保护物置于直击防雷区 $LPZ0_B$ 内。其三，检查

暗敷接闪器的敷设情况，查阅隐蔽工程记录，当无隐蔽工程记录时，宜按本规范11.2.2条中提供的检测方法进行检测。其四，进行实地现场观感检查接闪器的焊接，螺栓固定的后备帽，焊接处防锈措施是否到位。其五，用钢尺检测接闪导线的平正顺直，要求无急弯，固定支架牢固。其六，检查接闪器上附着其他电气线路或其他导电物是否有防雷电波引入措施和与易燃易爆物品之间的安全间距。

11.2.4 等电位连接工程的检验批划分和验收应符合下列规定：

1 等电位连接工程应按建筑物外大尺寸金属物等电位连接、金属管线等电位连接、各防雷区等电位连接和电子系统设备机房各分为1个检验批进行质量验收和记录。

2 等电位连接的有效性可通过等电位连接导体之间的电阻值测试来确定，第一类防雷建筑物中长金属物的弯头、阀门、法兰盘等连接处的过渡电阻不应大于0.03Ω；连在额定值为16A的断路器线路中，同时触及的外露可导电部分和装置外可导电部分之间的电阻不应大于0.24Ω；等电位连接带与连接范围内的金属管道等金属体末端之间的直流过渡电阻值不应大于3Ω。

【11.2.4解析】本条是针对建筑物防雷工程中等电位连接工程的检验批的划定和等电位连接工程质量验收项目内容作出的规定。本条第1款是针对建筑物防雷工程中等电位连接工程中检验批的划定。本款规定按照等电位连接形式划分检验批，在等电位连接工程中应划定以下检验批：（1）建筑物外大尺寸金属物等电位连接；（2）金属管线等电位连接；（3）各防雷区（LPZ）；（4）电子系统设备机房等电位连接共四个检验批次。本条第2款主要是针对等电位连接验收提出的具体规定要求。等电位连接的有效性主要是通过等电位连接导

体之间的电阻值来判定,作为验收是否合格的界定。第一类防雷建筑物中长金属的弯头、阀门、法兰盘等连接处的过渡电阻不应大于 0.03Ω 的规定引自《建筑物防雷设计规范》GB 50057,该标准中尚说明在非腐蚀环境下,如有不少于 5 根螺栓连接的法兰盘(含弯头、阀门),当过渡电阻大于 0.03Ω 时,可不采取跨接措施。连在额定值为 16A 的断路器线路中,同时触及的外露可导电部分与装置外可导电部分之间的直流过渡电阻应小于 0.24Ω 的规定引自《等电位联结安装》02C501-2 中的说明 3.3。3Ω 要求也是引自《等电位联结安装》02D501-2 中的说明 7。

11.2.5 屏蔽装置工程的检验批划分和验收应符合下列规定:

1 屏蔽装置工程应按建筑物格栅形大空间屏蔽和专用屏蔽室各分为 1 个检验批进行质量验收和记录。

2 防雷电磁屏蔽室的主控项目和一般项目应进行下列检测:

1)对壳体的所有接缝、屏蔽门、截止波导通风窗、滤波器等屏蔽接口使用电磁屏蔽检漏仪进行连续检漏。

2)检查壳体的等电位连接状况,其间直流过渡电阻值不应大于 0.2Ω。

3)屏蔽效能的测试应符合现行国家标准《电磁屏蔽室屏蔽效能的测量方法》GB/T 12190 的有关规定。

【11.2.5 解析】本条是针对建筑物防雷工程中的屏蔽装置工程质量检验批划分作出的界定以及建筑物防雷工程中的屏蔽装置工程质量验收作出的规定。本条第 1 款主要是确定检验批,屏蔽工程的检验批,在本款中规定为两个检验批次:第一批次为建筑物格栅形大空间屏蔽;第二批次为专用屏蔽室。本条第 2 款主要是针对防雷电磁屏蔽室的主控项目和一般项目应进行检测的项目事项。主要作了三个方面的规定。

其一，对壳体的所有屏蔽接口，采用电磁屏蔽检漏仪进行检漏。其二，对壳体的等电位连接状况测试直流过渡电阻值，并要求其直流过渡电阻值不应大于 0.2Ω。其三，屏蔽效能的测试按照国家现行标准《电磁屏蔽效能的测量方法》GB 12190 的规定进行检测。

11.2.6 综合布线工程的检验批划分和验收应符合下列规定：

1 综合布线工程应为 1 个检验批，当建筑工程有若干独立的建筑时，可按建筑物的数量分为几个检验批进行质量验收和记录。

2 对工程主控项目和一般项目应逐项进行检查和测量。

3 综合布线工程电气测试应符合现行国家标准《综合布线系统工程验收规范》GB 50312 的规定。

【11.2.6 解析】本条是针对建筑物防雷工程综合布线工程的检验批划分和验收所作的规定。本条第 1 款是针对综合布线工程的检验批所作的规定，规定中明确综合布线工程为 1 个检验批。当建筑工程中有若干独立建筑时可按每一独立建筑物设置检验批，也可相邻两个或两个以上独立建筑设一个检验批。按检验批进行质量验收和记录。本条第 2 款是对建筑物防雷工程综合布线工程检验内容进行了规定，综合布线工程中应对工程主控项目和一般项目逐项进行检查测量，并做好记录。本条第 3 款是针对综合布线工程电气测试提出的具体要求，本规定要求综合布线工程电气测试应符合现行国家标准《综合布线系统工程验收规范》GB 50312 中第 7 章的规定。

11.2.7 SPD 安装工程的检验批划分和验收应符合下列规定：

1 SPD 安装工程可作为 1 个检验批，也可按低压配电系统和电子系统中的安装分为 2 个检验批进行质量验收和记录。

2 对主控项目和一般项目应逐项进行检查。

3 SPD的主要性能参数测试应符合现行国家标准《建筑物防雷装置检测技术规范》GB/T 21431第5.8.2和第5.8.3条的规定。

【11.2.7解析】本条是针对电涌保护器安装工程的检验批的划分进行界定，同时规定验收的具体要求。本条第1款主要是针对建筑物防雷工程电涌保护器安装工程检验批划分的界定。本款规定电涌保护器安装工程的检验批划分原则上为1个检验批，但也可以按低压配电系统安装和电子系统安装各为一个检验批，也就是说可以划分为两个检验批，实施质量验收和记录。本条第2款是针对电涌保护器质量检查验收项目所作的规定，本款规定凡主控项目和一般项目均列入检查验收项目，并做好记录。本条第3款是SPD性能参数所作的规定，测试参数应符合现行国家标准《建筑物防雷装置检测技术规范》GB/T 21431中的5.8.2和5.8.3条规定。

其5.8.2条规定："SPD的检查用N-PE环路电阻测试仪。测试从总配电盘（箱）引出的分支线路上的中性线（N）与保护线（PE）之间的阻值，确认线路为TN-C或TN-C-S或TT或IT系统。检查并记录各级SPD的安装位置，安装数量、型号、主要性能参数（如U_c、I_n、I_{max}、I_{imp}、U_p等）和安装工艺（连接导体的材质和导线截面，连接导线的色标，连接牢固程度）。对SPD进行外观检查：SPD的表面应平整，光洁，无划伤，无裂痕和烧灼痕或变形。SPD的标志应完整和清晰。测量多级SPD之间的距离和SPD两端引线的长度，应符合该规范5.1.1.6和5.8.1.3.4款的要求。检查SPD是否具有状态指示器。如有，则需确认状态指示应与生产厂说明相一致。检查安装在电路上的SPD限压元件前端是否有脱离器。如SPD无脱离器，则检查是否有过电流保护器，检查安装的过电流保护器是否符合该规范5.8.1.3.5的要求。检查安装在配电系统中的SPD的U_c值应符合该规范表4的规定要求。检查安装的电信、信号SPD的U_c值应符合该规范5.8.1.1.5的规定要求。检查SPD安装工艺和接地线与等电位连接带之间的过渡电阻。"

其5.8.3条规定:"5.8.3 电源SPD的测试

5.8.3.1 SPD运行期间,会因长时间工作或因处在恶劣环境中而老化,也可能因受雷击电涌而引起性能下降、失效等故障,因此需定期进行检查。如测试结果表明SPD劣化,或状态指示指出SPD失效,应及时更换。

5.8.3.2 泄漏电流I_{ie}的测试

除电压开关型外,SPD在并联接入电网后都会有微安级的电流通过,如果此值偏大,说明SPD性能劣化,应及时更换。可使用防雷元件测试仪或泄漏电流测试表对限压型SPD的I_{ie}值进行静态试验。规定在$0.75U_{1mA}$下测试。

首先应取下可插拔式SPD的模块或将线中上两端连线拆除,多组SPD应按图2所示连接逐一进行测试。测试仪器使用方法见仪器使用说明书。

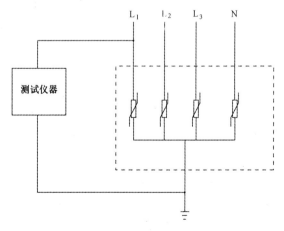

图2 多组SPD逐一测试示意图

合格判定：当实测值大于生产厂标称的最大值时，判定为不合格，如生产厂未标定出 I_{ie} 值时，一般不应大于 $20\mu A$。（注：SPD 泄漏电流在线测试方法在研究中，一般认为由于存在阻性电流和容性电流，其值应在 Max 有范围内。）

5.8.3.3 直流参考电压（U_{1Ma}）的测试：

a) 本试验仅适用于以金属氧化物压敏电阻（MOV）为限压元件且无其他并联元件的 SPD。主要测量在 MOV 通过 1mA 直流电流时，其两端的电压值。

b) 将 SPD 的可插拔取下测试，按测试仪器说明书连接进行测试。如 SPD 为一件多组并联，应用图 2 所示方法测试，SPD 上有其他并联元件时，测试时不对其接通。

c) 将测试仪器的输出电压值按仪器使用说明及试品的标称值选定，并逐渐提高，直到测到通过 1mA 直流时的压敏电压。

d) 对内部带有滤波或限流元件的 SPD，应不带滤波器或限流元件进行测试。（注：带滤波或限流元件的 SPD 测试方法在研究中。）

e) 合格判定：当 U_{1Ma} 值不低于交流电路中 U_0 值 1.86 倍时，在直流电路中为直流电压 1.33 至 1.6 倍时，在脉冲电路中为脉冲初始峰值电压 1.4 至 2.0 倍时，可判定为合格。也可与生产厂提供的允许公差范围表对比判定。

5.8.3.4 电信和信号网的 SPD 特性参数的测试方法在研究中。SPD 实测限制电压的现场测试方法在研究中。"

附录 A 施工现场质量管理检查记录

A.0.1 施工现场质量管理检查记录应由施工单位按表 A.0.1 填写，总监理工程师（建设单位项目负责人）进行检查，并做出检查结论。

表 A.0.1 施工现场质量管理检查记录

开工日期：

工程名称			施工许可证（开工证）	
建设单位			项目负责人	
设计单位			项目负责人	
监理单位			总监理工程师	
施工单位		项目经理	项目技术负责人	
序号	项目		内容	
1	现场质量管理制度			
2	质量责任制			
3	主要专业工种操作上岗证书			
4	分包方资质与对分包单位的管理制度			
5	施工图审查情况			
6	施工组织设计、施工方案及审批			
7	施工技术标准			
8	工程质量检验制度			
9	施工安全技术措施			
10	设备、材料进场检验记录、存放与管理			
11	检测设备、计量仪表检验			
12	开工报告			
13				
检查结论： 总监理工程师 年 月 日 （建设单位项目负责人）				

【附录 A 解析】本表使用了《建筑工程施工质量验收统一标准》GB 50300 中的表 A.0.1，并根据本规范内容有所增减。

附录 B 外部防雷装置和等电位连接导体的材料规格

B.1 接闪杆（线、带）和引下线的材料、规格

B.1.1 接闪线（带）、接闪杆和引下线的材料、结构和最小截面面积应符合表 B.1.1 的规定。

表 B.1.1 接闪线（带）、接闪杆和引下线的材料、结构和最小截面面积

材料	结构	最小截面面积（mm^2）	备注
铜	单根扁铜	50[8)	厚度 2mm
	单根圆铜	50[8)	直径 8mm
	铜绞线	50[8)	每股线直径 1.7mm
	单根圆铜	176	直径 15mm
镀锡铜	单根扁铜	50[8)	厚度 2mm
	单根圆铜	50[8)	直径 8mm
	铜绞线	50[8)	每股线直径 1.7mm
铝	单根扁铝	70	厚度 3mm
	单根圆铝	50[8)	直径 8mm
	铝绞线	50[8)	每股线直径 1.7mm
铝合金	单根扁形导体	50[8)	厚度 2.5mm
	单根圆形导体	50	直径 8mm
	绞线	50[8)	每股线直径 1.7mm
	单根圆形导体	176	直径 15mm
	表面镀铜的单根圆形导体	50	径向镀铜厚度至少 250μm，铜纯度 99.9%

续表 B.1.1

材 料	结 构	最小截面面积 (mm^2)	备 注
热浸镀锌钢	单根扁钢	50[8]	厚度2.5mm
	单根圆钢	50	直径8mm
	绞线	50[8]	每股线直径1.7mm
	单根圆钢	176	直径15mm
不锈钢	单根扁钢	50[8]	厚度2mm
	单根圆钢	50	直径8mm
	绞线	70[8]	每股线直径1.7mm
	单根圆钢	176	直径15mm
钢	表面镀铜的单根圆钢	50	径向镀铜厚度至少250μm，铜纯度99.9%

注：1. 热浸或电镀锡的锡层最小厚度为1μm；
2. 热浸镀锌钢的镀锌层宜光滑连贯、无焊剂斑点，镀锌层至小圆钢镀层厚度 22.7g/m^2、扁钢镀层厚32.4g/m^2；
3. 单根圆铜、单根圆形导体铝合金，单根圆钢热浸镀锌、单根圆钢不锈钢仅应用于接闪杆。当应用于机械应力没达到临界值之处，可采用直径10mm、最长1m的接闪杆，并应固定牢固；
4. 单根圆铜、单根圆钢热浸镀锌、单根圆钢不锈钢仅应用于入地之处。
5. 不锈钢中铬大于等于16%，镍大于等于8%，碳小于等于0.07%。
6. 对埋于混凝土中以及与可燃材料直接接触的不锈钢，当为单根圆钢时最小尺寸宜增大至直径10mm，截面面积78mm^2，当为单根扁钢时，最小厚度宜为3mm，截面面积75mm^2；
7. 在机械强度无重要要求之处，截面面积50mm^2（直径8mm）可减为截面面积28mm^2（直径6mm）。当使用截面面积28mm^2（直径6mm）的单根圆铜作为接闪器或引下线时，固定支架的间距应小于本规范表5.1.2规定的数值；
8. 避免在单位能量10MJ/Ω下熔化的最小截面是铜16mm^2、铝25mm^2、钢50mm^2、不锈钢50mm^2；
9. 截面面积允许误差为－3%。

当防雷装置安装位置具有高温或外来机械力的威胁时，截面面积50mm^2的单根金属材料的尺寸应加大到截面面积60mm^2的单根扁形材料或采用直径8mm的单根圆形材料。

B.1.2 利用金属屋面做第二类、第三类防雷建筑物的接闪器时，接闪的金属屋面的材料和规格应符合下列规定：

1. 金属板下无易燃物品时，应符合下列规定：
   1）铅板厚度大于等于2mm；
   2）钢、钛、铜板厚度大于等于0.5mm；
   3）铝板厚度大于等于0.65mm；
   4）锌板大于等于0.7mm。

2. 金属板下有易燃物品时，应符合下列规定：
   1）钢、钛板厚度大于等于4mm；
   2）铜板厚度大于等于5mm；
   3）铝板厚度大于等于7mm；

3. 使用单层彩钢板为屋面接闪器时，其厚度分别满足本条第1款和第2款的要求；使用双层夹保温材料的彩钢板，且保温材料为非阻燃材料和（或）彩钢板下无阻隔材料时，不宜在有易燃物品的场所使用。

B.2 接地体和等电位连接导体的材料、规格

B.2.1 接地体的材料、结构和最小尺寸要求应符合表B.2.1的规定。

表 B.2.1 接地体的材料、结构和最小尺寸

材料	结构	最小尺寸			备注
		垂直接地体最小直径（mm）	水平接地体最小截面面积或直径	接地板最小尺寸（mm）	
铜	铜绞线	—	50mm²	—	每股直径1.7mm
	单根圆铜	—	50mm²	—	直径8mm
	单根扁铜	—	50mm²	—	厚度2mm

续表 B.2.1

材料	结 构	最小尺寸 垂直接地体最小直径（mm）	最小尺寸 水平接地体最小截面面积或直径	接地板最小尺寸（mm）	备 注
铜	单根圆铜	15	—	—	—
	铜管	20	—	—	壁厚2mm
	整块铜板	—	—	500×500	厚度2mm
	网格铜板	—	—	600×600	各网格边截面25mm×2mm，网格网边总长度不少于4.8m
钢	热镀锌圆钢	14	78mm²	—	—
	热镀锌钢管	20	—	—	壁厚2mm
	热镀锌扁钢	—	90mm²	—	厚度3mm
	热镀锌钢板	—	—	500×500	厚度3mm
	热镀锌网格钢板	—	—	600×600	各网格边截面30mm×3mm，网格网边总长度不少于4.8m
	镀铜圆钢	14	—	—	径向镀铜层至少250μm，铜纯度99.9%
	裸圆钢	14	78mm²	—	—
	裸扁钢或热镀锌扁钢	—	90mm²	—	厚度3mm
	热镀锌钢绞线	—	70mm²	—	每股直径1.7mm
	热镀锌角钢	50×50×3	—	—	—
	镀铜圆钢	—	50mm²	—	径向镀铜层至少250μm，铜纯度99.9%

续表 B.2.1

材料	结构	最小尺寸			备注
		垂直接地体最小直径（mm）	水平接地体最小截面面积或直径	接地板最小尺寸（mm）	
不锈钢	圆形导体	16	78mm²	—	—
	扁形导体	—	100mm²	—	厚度2mm

注：1. 镀锌层应光滑连贯、无焊剂斑点，镀锌层至少圆钢镀层厚度 22.7g/m²、扁钢 32.4g/m²；

2. 热镀锌之前螺纹应先加工好；

3. 铜绞线、单根圆铜、单根扁铜也可采用镀锡；

4. 铜应与钢结合良好；

5. 裸圆钢、裸扁钢和钢绞线作为接地体时，只有在完全埋在混凝土中时才允许采用；

6. 裸扁钢或热镀锌扁钢、热镀锌钢绞线，只适用于与建筑物内的钢筋或钢结构每隔 5m 的连接；

7. 不锈钢中铬大于等于 16%，镍大于等于 5%，钼大于等于 2%，碳小于等于 0.08%；

8. 截面积允许误差为 -3%

9. 不同截面的型钢，其截面不小于 290mm²，最小厚度 3mm。如可用 50mm×50mm×3m 的角钢做垂直接地体。

B.2.2 防雷装置各连接部件的最小截面见表 B.2.2 的规定。

表 B.2.2 防雷装置各连接部件的最小截面

等电位连接部件	材料	截面（mm²）
等电位连接带（铜或热镀锌钢）	铜、铁	50
从等电位连接带至接地装置或至其他等电位连接带的连接导体	铜	16
	铝	25
	铁	50

续表 B.2.2

等电位连接部件		材料	截面（mm²）
从屋内金属装置至等电位连接带的连接导体		铜	6
		铝	10
		铁	16
连接 SPD 的导体	电气系统	Ⅰ级试验的 SPD	铜	6
		Ⅱ级试验的 SPD		2.5
		Ⅲ级试验的 SPD		1.5
	电子系统	D1 类 SPD		1.2
		其他类的 SPD（连接导体的截面可不小于 1.2mm²）		根据具体情况确定

注：连接单台或多台Ⅰ级分类试验或 D1 类 SPD 的单根导体的最小截面面积的计算方法，应符合现行国家标准《建筑物防雷设计规范》GB 50057 中第 5.1.2 条的规定。

【附录 B 解析】本附录 B 的表 B.1.1、表 B.2.1 和表 B.2.2 均采用《雷电防护 第 3 部分：建筑物的物理损坏和生命危险》IEC 62305-3：2006 中的表 6、表 7 内容。表 B.3 综合采用了 IEC 62305-3 中的表 8、表 9 及《雷电防护 第 4 部分：建筑物内电气和电子系统》IEC 62305-4 中的表 1 的内容，并将原表中规定的截面扩大为线材的标准截面积，如 5mm² 改为 6mm²。4mm² 改为 2.5mm² 是由于我国低压配电设计规定，配电线截面为 2.5mm²。DI 类 SPD 的截面积是根据《雷电防护 第 5 部分：公共设施》IEC 62305-5/261/CD 而定的。

附录 C 电涌保护器分类和应提供的信息要求

C.0.1 低压配电系统的 SPD 分类应符合表 C.0.1 的要求。

表 C.0.1 低压配电线路的 SPD 分类

大类序号	分类方式		小类序号	具 体 分 类
1	按有无串联附加阻抗		1 2	无串阻抗（单口） 串联阻抗（双口）
2	按电路设计拓扑		3 4 5	电压开关型 电压限制型 组合型
3	按冲击试验类型		6 7 8	Ⅰ级分类试验 I_{imp} 即 T1 Ⅱ级分类试验 I_{imx} 即 T2 Ⅲ级分类试验 U_{OC} 即 T3
4	按可触及性		9 10	易触及型 不易触及型
5	按安装方式		11 12	固定式 可移式
6	脱离器	安装位置	13 14 15	安在 SPD 内部 安在 SPD 外部 内、外部均有
		保护功能	16 17 18	有防过热功能 有防泄漏电流功能 有防过电流功能

续表 C.0.1

大类序号	分类方式	小类序号	具 体 分 类
7	后备过电流保护	19 20	有具体规定的 无具体规定的
8	外壳保护等级	21 21+1 21+2 …… 21+n	按 IP 代码规定划分
9	温度范围	22 23	工作在正常温度范围 工作在异常温度范围

C.0.2 电信、信号网络的 SPD 分类应符合表 C.0.2-1 和表 C.0.2-2 的要求

表 C.0.2-1 电信、信号网络的 SPD 分类

大类序号	分类方式	小类序号	具 体 分 类
1	有、无限流元件	1 2	无限流元件 有限流元件
2	按冲击试验分类	3 4 5 6	A 类：见表 C.0.2—2 B 类：见表 C.0.2—2 C 类：见表 C.0.2—2 D 类：见表 C.0.2—2
3	按过载故障模式	7 8 9	模式 1 模式 2 模式 3
4	按使用地点分类	10 11	户外型 户内型
5	按线路对数	12 13	一对线的 一对线以上的

续表 C.0.2-1

大类序号	分类方式	小类序号	具体分类
6	按限流器件的可复位性能	14 15 16	非复位的 可复位的 自动复位的
7	温度范围	17 18	工作在正常温度范围 工作在异常温度范围
8	外壳保护等级	19 19+1 …… 19+n	按 IP 代码规定划分

表 C.0.2-2　SPD 按实验方法分类

类别	试验类型	开路电压	短路电流
A1	很慢的上升速率	≥1kV 0.1kV/μs~100kV/s	10A，0.1A/μs~2A/μs ≥1000μs（持续时间）
A2	AC	按 GB/T 18802.21 中表 5 的规定实验	
B1	慢的上升速率	1kV，10/1000μs	100A，10/1000μs
B2		1kV~4kV，10/700μs	25A~100A，5/300μs
B3		≥1kV，100V/μs	10A~100A，10/1000μs
C1	快的上升速率	0.5kV~<1kV，1.2/50μs	0.25kA~<1kA，8/20μs
C2		2kV~10kV，1.2/50μs	1kA~5kA，8/20μs
C3		≥1kV，1kV/μs	10A~100A，10/1000μs
D1	高能量	≥1kV	0.5kA~2.5kA，10/350μs
D2		≥1kV	0.6kA~2.0kA，10/250μs

C.0.3 SPD 生产厂应在其产品标志、铭牌或使用说明书上提供下列信息：

1 生产厂名、商标及型号。

2 是否串有阻抗（双口或单口）。

3 安装方法。

4 最大持续运行电压，每一种保护模式一个值。

5 低压配电系统的 SPD 生产厂应说明产品属于以下的何种试验类别：

1） Ⅰ 级分类试验 I_{imp}，即 T1。

2） Ⅱ 级分类试验 I_{max}，即 T2。

3） Ⅲ 级分类试验 U_{OC}，即 T3。

6 电信和信号网络中的 SPD 生产厂应说明产品属于以下的何种试验类别：

1） A1 ~ A2

2） B1 ~ B3

3） C1 ~ C3

4） D1 ~ D2

7 Ⅰ级分类及 Ⅱ 级分类试验预处理中的标称放电电流值，每一种保护模式应为一个值。

8 电压保护水平，每一种保护模式应为一个值。

9 额定负载电流 I_L。

10 外壳保护等级（当 IP > 20 时）。

11 承受短路电流。

12 后备过电流保护推荐的最大额定值。

13 脱离器动作指示。

14 具有特殊用途产品的安装位置。

15 接线端的标志。

16 连接、机械尺寸、导线长度等安装指南。

17 电网供电类型。

18　Ⅰ级分类试验中比能量。

19　温度范围。

20　额定断开续流值（除限压型 SPD 外）。

21　推荐使用外部断路器的指标。

22　残流。

23　暂时过电压耐受特性。

24　冲击复位时间。

25　交流耐受能力。

26　过载故障模式。

27　传输速率、插入损耗、驻波比、带宽等传输特性。

28　工作频段。

29　接口形式。

30　串联电阻。

C.0.4　随产品提供的技术文件，应包括下列内容：

1　包装清单。

2　产品出厂合格证明书。

3　安装、使用说明书。

4　法定检验机构型式试验报告。

附录 D 安 装 图

D.0.1 接地装置安装见图 D.0.1-1~图 D.0.1-3。

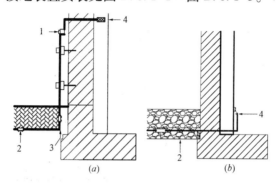

图 D.0.1-1 在建筑物地面处连接板（测试点）的安装

（a）墙上的测试接头；（b）地面的测试接头

1—墙上的测试点；2—土壤中抗腐蚀的 T 型接头；
3—土壤中抗腐蚀的接头；4—钢梁与接地线的接点

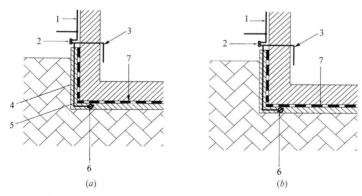

图 D.0.1-2 地基防水层外接地极连接安装（一）
（a）接地极位于沥青防水层下无钢筋的混凝土中；（b）部分接地导体穿过土壤

97

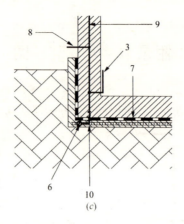

(c)

图 D.0.1-2 地基防水层外接地极连接安装（二）
(c)穿过沥青防水层将基础接地极与接地排相连的连接导体
1—引下线；2—测试接头；3—与内部 LPS 相连的等电位连接导体；
4—无钢筋的混凝土；5—LPS 的连接导体；6—基础接地极；
7—沥青防水层；8—测试接头与钢筋的连接导体；
9—混凝土中的钢筋；10—穿过沥青防水层的防水套管

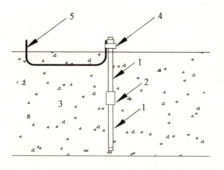

图 D.0.1-3 A 型接地装置与接地线连接安装
1—可延伸的接地体；2—接地体接合器；3—土壤；
4—接地线与接地体连接的夹具；5—接地线

D.0.2 引下线安装见图 D.0.2-1 ~ 图 D.0.2-5。

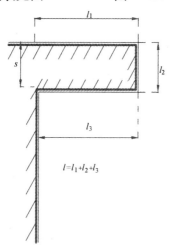

图 D.0.2-1 引下线安装中避免形成小环路的安装
s—隔距；l—计算隔距的长度

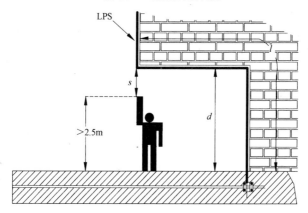

图 D.0.2-2 明敷引下线避免对人体闪络的安装

d—实际距离应大于 $s+2.5$；s—隔距，$s = k_i k_e / k_m l$（m）其中 k_i：第一类防雷建筑物取 0.08，第二类防雷建筑物取 0.06，第三类防雷建筑物取 0.04；k_e：引下线为 1 根时取 1，引下线为 2 根时取 0.66，引下线为 3 根或以上时取 0.44；k_m：绝缘介质为空气时取 1，绝缘介质为钢筋混凝土或砖瓦时取 0.5；l 需考虑隔离的点到最近某电位连接点的长度

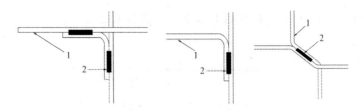

图 D.0.2-3 引下线（接闪导线）在弯曲处焊接要求

1—钢筋；2—焊接缝口

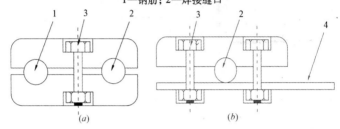

图 D.0.2-4 钢筋与导体间的卡接施工

(a) 钢筋与圆形导体卡接；(b) 钢筋与带状导体卡接

1—钢筋；2—圆形导体；3—螺栓；4—带状导体

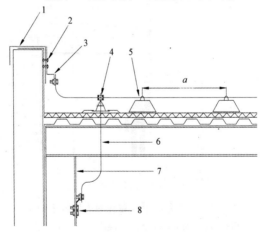

图 D.0.2-5 使用屋面自然金属构件作 LPS 施工

1—屋面女儿墙；2—接头；3—可弯曲的接头；4—T型连接点；
5—接闪导体；6—穿过防水套管的引下线；7—钢筋梁；8—接头
a—接闪带固定支架的间距，取 500mm～1000mm

D.0.3 接闪器安装见图 D.0.3-1~图 D.0.3-3。

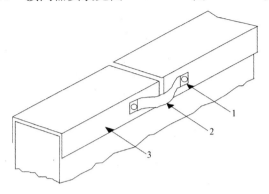

图 D.0.3-1 女儿墙上金属盖罩做自然接闪器时的跨接施工
1—耐腐蚀的接头；2—可弯曲导体；3—女儿墙上金属盖罩

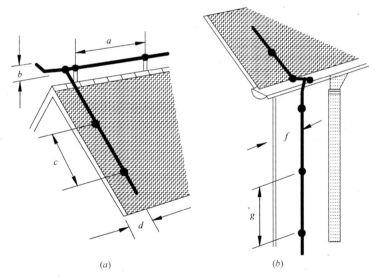

图 D.0.3-2 坡屋面接闪器与引下线的安装施工
(a)坡屋顶屋脊上接闪器及屋顶引下线的安装；(b)与屋檐排水沟连接的引下线的安装
a—水平接闪导线支架的距离，取 500mm~1000mm；b—水平接闪导线的翘起高度，取 100mm；c—坡屋面接闪导线支架的距离，取 500mm~1000mm；d—接闪器与屋面边沿的距离，尽可能靠近屋面边沿；f—引下线与建筑物转角处的距离，取 300mm；g—引下线支架距离，取 1000mm

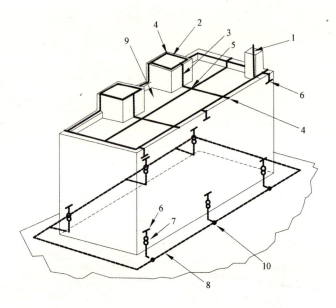

图 D.0.3-3 利用钢筋混凝土结构建筑外墙柱内钢筋引下的
外部防雷装置的施工

1—接闪杆（避雷针）；2—水平接闪导体；3—引下线；
4—T型接头；5—十字型接头；6—与钢筋的连接；7—测试接头；
8—B型接地装置，环形接地体；9—有屋顶装置的平屋面；
10—耐腐蚀的T型连接点

D.0.4 等电位连接安装见图 D.0.4-1～图 D.0.4-5。

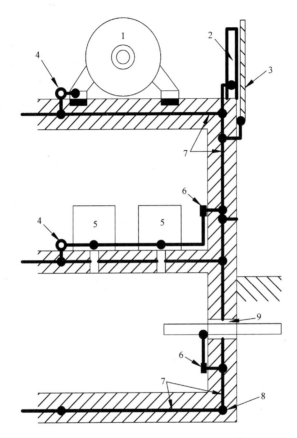

图 D.0.4-1 钢筋混凝土建筑物等电位连接位置
1—屋面配电设备；2—钢梁；3—立面的金属覆盖物；
4—等电位连接点；5—电气设备或电子设备；6—等电位连接带；
7—混凝土中的钢筋（含网状导体）；8—基础接地极；
9—各种管线的公共入口

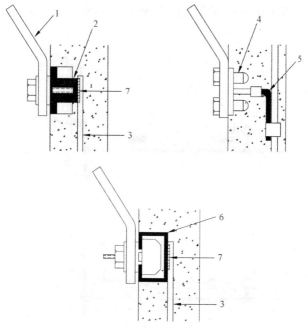

D.0.4-2 钢筋混凝土墙内钢筋外接等电位连接预留件施工

1—等电位连接导体；2—焊接在钢筋等电位连接线上的螺帽；
3—钢筋等电位连接线；4—非金属铸件等电位连接点；
5—铜等电位连接绞线；6—c形钢质安装带；7—焊接

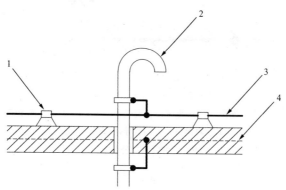

图 D.0.4-3 屋面入户金属管与接闪导线连接施工

1—接闪导体支架；2—金属管道；3—水平接闪导体；4—混凝土中钢筋

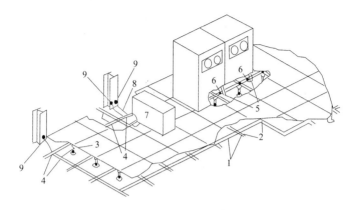

图 D.0.4-4 活动地板下用薄铜带构成的高频信号基础网络
1—薄铜带（0.25mm×100mm）；2—薄铜带与薄铜带之间的焊接连接；
3—薄铜带与立柱之间的焊接连接；4—薄铜带与等电位连接带之间的焊接连接；
5—设备的低阻抗等电位连接带；6—薄铜带与设备等电位连接带之间的焊接连接；
7—电源配电中心；8—电源配电中心的接地线；
9—基准网络与周围建筑物钢柱（或钢筋混凝土柱上的预埋件）的焊接连接

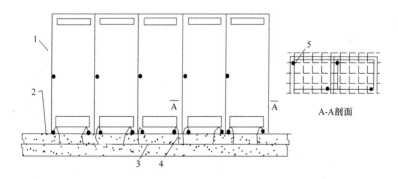

图 D.0.4-5 利用钢筋混凝土地面内焊接钢筋网做等电位连接基准网
1—装有电子负荷设备的金属外壳；2—混凝土地面的上部；
3—地面内焊接钢筋网；4—高频等电位连接；
5—电子负荷设备的金属外壳与等电位连接基准网的连接点

D.0.5 SPD 在 TN、TT、IT 系统中的安装见图 D.0.5-1～图 D.0.5-5。

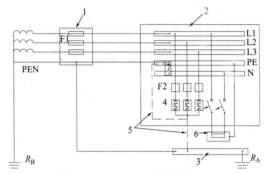

图 D.0.5-1 TN 系统中的 SPD

1—装置的电源；2—配电盘；3—总接地端或总接地连接带；
4—SPD；5—SPD 的接地连接；6—需要保护的设备；
7—PE 与 N 线的连接带；F1—安装在电源进线端的剩余电流保护器；
F2—保护 SPD 推荐的熔丝、断路器或剩余电流保护器；R_A—本装置的接地电阻；
R_B—供电系统的接地电阻；L1、L2、L3—相线 1、2、3

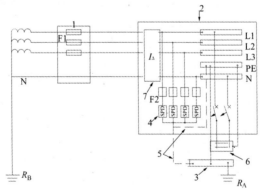

图 D.0.5-2 TT 系统中电涌保护器安装在剩余电流保护器的负荷侧

1—装置的电源；2—配电盘；3—总接地端或总接地连接带；
4—SPD；5—SPD 的接地连接；6—需要保护的设备；
7—剩余电流保护器 I_Δ；F1—安装在电源进线端的剩余电流保护器；
F2—保护 SPD 推荐的熔丝、断路器或剩余电流保护器；
R_A—本装置的接地电阻；R_B—供电系统的接地电阻；L1、L2、L3—相线 1、2、3

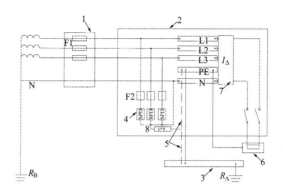

图 D.0.5-3 TT 系统中 SPD 安装在剩余电流保护器的电源侧

1—装置的电源；2—配电盘；3—总接地端或总接地连接带；
4—SPD 或放电间隙；5—SPD 器的接地连接；6—需要保护的设备；
7—剩余电流保护器 I_Δ；8—SPD 或放电间隙；
F1—安装在电源进线端的剩余电流保护器；
F2—保护 SPD 推荐的熔丝、断路器或剩余电流保护；
R_A—本装置的接地电阻；R_B—供电系统的接地电阻；L1、L2、L3—相线 1、2、3

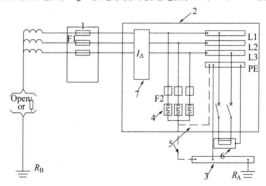

图 D.0.5-4 IT 系统 SPD 安装在剩余电流保护器的负荷侧

1—装置的电源；2—配电盘；3—总接地端或总接地连接带；
4—SPD；5—SPD 接地连接；6—需要保护的设备；
7—剩余电流保护器 I_Δ；F1—安装在电源进线端的剩余电流保护器；
F2—保护 SPD 推荐的熔丝、断路器或剩余电流保护器；
R_A—本装置的接地电阻；R_B—供电系统的接地电阻；L1、L2、L3—相线 1、2、3

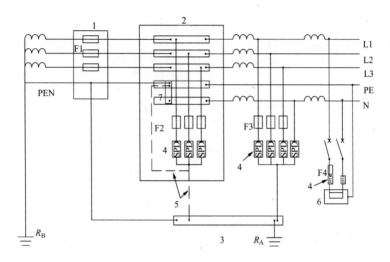

图 D.0.5-5 在 TN-C-S 系统中Ⅰ级、Ⅱ级和Ⅲ级试验的 SPD 的安装
1—装置的电源；2—配电盘；3—总接地端或总接地连接带；4—SPD；
5—SPD 的接地连接；6—需要保护的设备；7—PE—N 的连接带；
F1—安装在电源进线端的剩余电流保护器；
F2、F3、F4—保护器；R_A—本装置的接地电阻；
R_B—供电系统的接地电阻；L1、L2、L3—相线 1、2、3

D.0.6 电涌保护器在电信、信号网络中的安装见图 D.0.6-1、图 D.0.6-2。

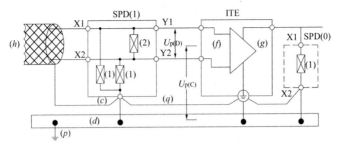

图 D.0.6-1 电子设备的信号（f）和低压配电输入（9）的
共模电压和差模电压的防护措施示例

(c)—SPD 的连接点；(d)—总等电位连接带（EBB）；
(f)—信息技术设备/电信端口；(g)—电线接口；(h)—信息技术线路/电信通信线/网络；(1)—电信和信息网络上的 SPD；(o)—直流配电线路上的 SPD；
(p)—接地连接导体；(q)—必要的连接；$U_{p(C)}$—共模状况下电压保护水平；
$U_{p(D)}$—差模状况下电压保护水平；X1、X2—SPD 的接线端子；
Y1、Y2—电涌保护器保护侧的接线端子；(1)—限制共模电压的电涌防护元件；
(2)—限制差模电压的电涌防护元件

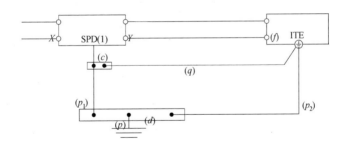

图 D.0.6-2 减小对 SPD 电压保护水平影响的连接示例
（连接至电子设备的三五个或多个连接端口）

(c)—SPD 的共用连接终端；(d)—等电位连接带（EBB）；
(f)—信息技术设备/电信端口；(1)—电信和信号网络上的 SPD；
(p)—接地连接导体；(p_1、p_2)—接地导体；(q)—必要的连接；
X、Y—SPD 的接线端子，X 为输入端、Y 为输出端

D.0.7 安装电涌保护器两端连线应又短又直的 SPD 在电信、信号网络中的图示见图 D.0.7-1 和图 D.0.7-2。

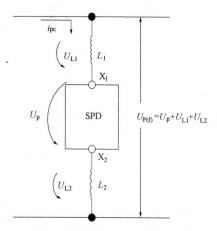

图 D.0.7-1 由 SPD 两端连线上电感导致的电压降 U_{L1} 和 U_{L2} 对电压保护水平 U_p 影响的示例

L_1，L_2—连接导体的电感；

U_{L1}，U_{L2}—由电涌电流的 di_{pc}/dt 感应出的电压降；

X_1，X_2—SPD 的接线端子；i_{PC}—部分雷电流；

$U_{p(f)}$—有效电压保护水平；U_p—电压保护水平

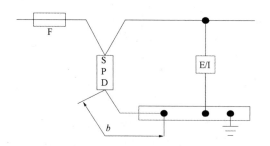

图 D.0.7-2 SPD 安装在或靠近电气装置电源进线端的示例

b—SPD（电涌保护器）与等电位连接带之间的连接导线长度，不宜大于 0.5m；

F—安装在电源进线端的剩余电流保护器；E/I—被保护的电子设备

D.0.8 安装SPD与过电流保护参见图D.0.8-1~图D.0.8-3。

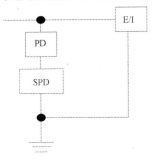

图D.0.8-1 优先重点保证供电连续性
PD—SPD的过电流保护器；E/I—被保护的电气装置或设备

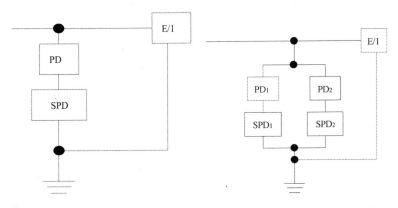

图D.0.8-2 优先重点保证
保护连续性

图D.0.8-3 供电连续性和保护
连续性的结合

【附录D解析】图D.0.1~图D.0.4-3图引自IEC 62305-3。图D.0.4-4、图D.0.4-5引自IEEE std 1100-2005《电子设备接地和供电的推荐实用标准》。图D.0.5-1~图D.0.5-5和图D.0.6-1、图D.0.6-2均引自GB 50057。图D.0.7-1、图D.0.7-2和图D.0.8-1~图D.0.8-3均引自GB 16895.22。

附录 E 质量验收记录

E.0.1 检验批的质量验收记录应由施工项目专业质量检查员填写，并由监理工程师（建设单位项目专业技术负责人）组织项目专业质量检查员进行验收，各分项工程应按表 E.0.1-1～表 E.0.1-7 记录。

表 E.0.1-1 接地装置分项工程质量验收记录

工程名称		分项工程名称	接地装置安装	验收部位	
施工单位		专业工长		项目经理	
施工执行标准名称及编号					
分包单位		分包项目经理		施工班组长	
主控项目	质量验收规范的规定（本规范相关条款）		施工单位检查评定记录	防雷检测记录	监理（建设）单位验收记录
主控项目	第4.1.1条第1款	连接板设置			
主控项目	第4.1.1条第2款	接地电阻值			
主控项目	第4.1.1条第3款	防跨步电压			
主控项目	第4.1.1条第4款	安全距离			
一般项目	第4.1.2条第1款	埋设要求			
一般项目	第4.1.2条第4款	焊接要求			
一般项目	第4.1.2条第5款	防损（腐）措施			
一般项目	第11.2.1条第2款第5项	直流电阻值			
施工单位检查评定结果		项目专业质量检查员 年　月　日			
监理（建设）单位验收结论		监理工程师 （建设单位项目专业技术负责人、防雷技术服务机构项目负责人） 年　月　日			

表 E.0.1-2 引下线分项工程质量验收记录

工程名称			分项工程名称	引下线安装	验收部位	
施工单位			专业工长		项目经理	
施工执行标准名称及编号						
分包单位			分包项目经理		施工班组长	
	质量验收规范的规定（本规范相关条款）		施工单位检查评定记录		防雷检测记录	监理（建设）单位验收记录
主控项目	第5.1.1条第1款	平均间距				
	第5.1.1条第2款	敷设状况				
	第5.1.1条第3款	安全措施				
	第5.1.1条第4款	电气连接				
	第5.1.1条第5款	附着电气线路				
	第5.1.1条第6款	防火间距				
一般项目	第5.1.2条第1款	支架固定				
	第5.1.2条第2款	预留测试点				
	第5.1.2条第3款	焊接要求				
	第5.1.2条第4款	防损措施				
	第5.1.2条第5款	防锈措施				
	第11.2.2条第2款第4项	直流电阻值				
施工单位检查评定结果			项目专业质量检查员 年 月 日			
监理（建设）单位验收结论			监理工程师 （建设单位项目专业技术负责人、防雷技术服务机构项目负责人） 年 月 日			

表 E.0.1-3 接闪器分项工程质量验收记录

工程名称		分项工程名称	接闪器安装	验收部位	
施工单位		专业工长		项目经理	
施工执行标准名称及编号					
分包单位		分包项目经理		施工班组长	

		质量验收规范的规定（本规范相关条款）	施工单位检查评定记录	防雷检测记录	监理（建设）单位验收记录
主控项目	第6.1.1条第1款	电气连接			
	第6.1.1条第2款	布置要求			
	第6.1.1条第3款	暗敷风险			
	第6.1.1条第4款	抗风能力			
	第6.1.1条第5款	附着电气线路			
一般项目	第6.1.2条第1款	自然接闪器			
	第6.1.2条第2款	安装状况			
	第6.1.2条第3款	焊接要求			
	第6.1.2条第4款	固定支架			
	第11.2.3条第2款第1项	直流电阻值			

施工单位检查评定结果	项目专业质量检查员 　　　　　　　　年　月　日
监理（建设）单位验收结论	监理工程师 （建设单位项目专业技术负责人、防雷技术服务机构项目负责人） 　　　　　　　　年　月　日

表 E.0.1-4 等电位连接分项工程质量验收记录

工程名称		分项工程名称	等电位连接安装	验收部位	
施工单位		专业工长		项目经理	
施工执行标准名称及编号					
分包单位		分包项目经理		施工班组长	

	质量验收规范的规定（本规范相关条款）		施工单位检查评定记录	防雷检测记录	监理（建设）单位验收记录
主控项目	第7.1.1条第1款	金属管线连接			
	第7.1.1条第2款	总等电位连接			
	第7.1.1条第3款	跨接要求			
一般项目	第7.1.2条第1款 第11.2.4条第2款	电气连接和有效性测试			
	第7.1.2条第2款	后续防雷区连接			
	第7.1.2条第3款	机房M或S型连接			
	第11.2.3条第2款第1项	直流电阻值			

施工单位检查评定结果	项目专业质量检查员 年 月 日
监理（建设）单位验收结论	监理工程师 （建设单位项目专业技术负责人、防雷技术服务机构项目负责人） 年 月 日

表 E.0.1-5 屏蔽装置安装分项工程质量验收记录

工程名称		分项工程名称	屏蔽装置安装	验收部位	
施工单位		专业工长		项目经理	
施工执行标准名称及编号					
分包单位		分包项目经理		施工班组长	

	质量验收规范的规定（本规范相关条款）		施工单位检查评定记录	防雷检测记录	监理（建设）单位验收记录
主控项目	第8.1.1条第1款	格栅网格尺寸			
	第8.1.1条第2款	屏蔽室安装			
	第11.2.5条第2款第1项	屏蔽效能测试			
一般项目	第8.1.2条第1款	结构荷载			
	第8.1.2条第2款	维修通道预留			
	第11.2.5条第2款第2项	直流电阻值			

施工单位检查评定结果	项目专业质量检查员 年 月 日
监理（建设）单位验收结论	监理工程师 （建设单位项目专业技术负责人、防雷技术服务机构项目负责人） 年 月 日

表 E.0.1-6 综合布线分项工程质量验收记录

工程名称		分项工程名称	综合布线安装	验收部位	
施工单位		专业工长		项目经理	
施工执行标准名称及编号					
分包单位		分包项目经理		施工班组长	

		质量验收规范的规定（本规范相关条款）	施工单位检查评定记录	防雷检测记录	监理（建设）单位验收记录
主控项目		第9.1.1条第1款 和 第9.1.1条第2款	穿管要求		
		第9.1.1条第3款	电线额定电压值		
一般项目		第9.1.2条第2款	最小净距		
		第9.1.2条第3款	电线色标		
		第11.2.6条第3款	电气测试		

施工单位检查评定结果	项目专业质量检查员 年 月 日
监理（建设）单位验收结论	监理工程师 （建设单位项目专业技术负责人、防雷技术服务机构项目负责人） 年 月 日

表 E.0.1-7 电涌保护器分项工程质量验收记录

工程名称		分项工程名称	SPD安装	验收部位	
施工单位		专业工长		项目经理	
施工执行标准名称及编号					
分包单位		分包项目经理		施工班组长	

	质量验收规范的规定（本规范相关条款）		施工单位检查评定记录	防雷检测记录	监理（建设）单位验收记录
主控项目	第10.1.1条第1款	配电SPD选择			
	第10.1.1条第2款	信号SPD选择			
	第10.1.1条第4款	后备过电流保护			
一般项目	第10.1.2条第1款	SPD2选择（配电）			
	第10.1.2条第3款	能量配合			
	第10.1.2条第4款	SPD2选择（信号）			
	第10.1.2条第6款	SPD两端连线			

施工单位检查评定结果	项目专业质量检查员 年 月 日
监理（建设）单位验收结论	监理工程师 （建设单位项目专业技术负责人、防雷技术服务机构项目负责人） 年 月 日

E.0.2 防雷工程（子分部）工程质量应由施工项目专业检查员填写，并由总监理工程师（建设单位项目专业负责人）组织相关部门负责人进行验收，同时应按表 E.0.2 记录。

表 E.0.2 防雷工程（子分部）工程验收记录

工程名称			结构类型		层数		
施工单位			技术部门负责人		质量部门负责人		
分包单位			分包单位负责人		分包技术负责人		
序号	分项工程名称		检验批数	施工单位检查意见	验 收 意 见		
1	接地装置安装						
2	引下线安装						
3	接闪器安装						
4	等电位连接安装						
5	屏蔽装置安装						
6	综合布线安装						
7	SPD 安装						
质量控制资料							
安全和功能检验（检测）报告							
观感质量验收							
验收单位	分包单位			项目经理	年	月	日
	施工单位			项目经理	年	月	日
	勘察单位			项目负责人	年	月	日
	设计单位			项目负责人	年	月	日
	防雷主管单位			项目负责人	年	月	日
	监理（建设）单位		总监理工程师（建设单位项目专业专业负责人）		年	月	日

【附录 E 解析】 附录 E 中分项工程验收记录表是在《建设工程施工质量验收统一标准》GB 50300 中附录表 D.0.1 基础上，补充了对应本规范相关条款而制定的。

表 E.0.1-3 中，主控项目中要求检查并评定记录接闪器"抗风能力"，具体要求见本规范 6.1.1 条第 4 款。该款规定专用接闪杆应能承受 $0.7kN/m^2$ 基本风压。